普通高等教育"十二五"规划教材

Visual Basic 语言程序设计及实验教程

主　编　周建丽

副主编　张廷萍　周　翔

中国水利水电出版社
www.waterpub.com.cn

内 容 提 要

本书以 Visual Basic 6.0 为背景，以计算机程序设计的思想和方法为主线，讲解计算机程序设计语言及程序设计的原理和技术。全书共分为 9 章，主要内容为：Visual Basic 语言导引、Visual Basic 语言基础、顺序结构程序设计、选择结构程序设计、循环结构程序设计、数组、过程、键盘和鼠标事件、图形应用。

与同类教材比较，本书以初学者的视角，循序渐进地讲解了程序设计的方法和原理，重点阐述了顺序、分支和循环结构构造原理。例题选择有层次和梯度，且每章均安排了相应的实验操作题目。内容安排层次清晰、通俗易懂、图文并茂，易教易学。对 Visual Basic 涉及的更深层次内容，尽量避开不谈，以满足初学者对本课程学习的需要。

本书可作为高等院校本科或专科非计算机专业学生学习"Visual Basic 程序设计"课程的教材，亦可以供其他需求的读者学习使用。

本书配有电子教案，读者可以从中国水利水电出版社网站和万水书苑免费下载，网址为：http://www.waterpub.com.cn/softdown/和 http://www.wsbookshow.com。

图书在版编目（C I P）数据

Visual Basic语言程序设计及实验教程 / 周建丽主编. -- 北京 ：中国水利水电出版社，2013.12
普通高等教育"十二五"规划教材
ISBN 978-7-5170-1384-6

Ⅰ. ①V… Ⅱ. ①周… Ⅲ. ①BASIC语言－程序设计－高等学校－教材 Ⅳ. ①TP312

中国版本图书馆CIP数据核字(2013)第265108号

策划编辑：寇文杰　　责任编辑：张玉玲　　加工编辑：李 燕　　封面设计：李 佳

书　　名	普通高等教育"十二五"规划教材 Visual Basic 语言程序设计及实验教程
作　　者	主 编　周建丽　副主编　张廷萍　周　翔
出版发行	中国水利水电出版社 （北京市海淀区玉渊潭南路 1 号 D 座　100038） 网址：www.waterpub.com.cn E-mail：mchannel@263.net（万水） 　　　　sales@waterpub.com.cn 电话：（010）68367658（发行部）、82562819（万水）
经　　售	北京科水图书销售中心（零售） 电话：（010）88383994、63202643、68545874 全国各地新华书店和相关出版物销售网点
排　　版	北京万水电子信息有限公司
印　　刷	三河市铭浩彩色印装有限公司
规　　格	184mm×260mm　16 开本　16.25 印张　410 千字
版　　次	2013 年 12 月第 1 版　2013 年 12 月第 1 次印刷
印　　数	0001—6000 册
定　　价	38.00 元

前　言

Visual Basic 简称 VB，是微软公司推出的面向对象程序设计语言，它具有内容丰富、功能强大、简单易学的特点，在国内外各个领域应用非常广泛。目前，越来越多的高等院校将其作为非计算机专业学生开设的计算机程序设计语言课程。

作为面向高等院校非计算机专业学生的公共基础课教材，本书以初学者的视角，根据"熟悉语言、认识对象、设计程序"的思路，在内容编排上遵循由简到繁、由浅入深和循序渐进的原则，重点讲授面向对象程序设计的基本思想、面向过程结构化程序设计的基本原理，构造顺序、分支和循环控制结构的基本方法和技术。在具体讲授语言规则和程序设计的方法时，均用简单例子进行说明，希望把学生感觉难学的知识点用具体例子加以阐述，让复杂的问题简单化。本书中各章节涉及的例题、习题及上机操作题都经过作者精心的选择和编排，力求通俗易懂、简单实用。

根据重庆市计算机等级考试大纲，结合本校学生的实际情况，全书内容共包含 9 章，分别为 Visual Basic 语言导引、Visual Basic 语言基础、顺序结构程序设计、选择结构程序设计、循环结构程序设计、数组应用、过程、键盘和鼠标事件、图形应用。为了便于教师实施教学，学生课后复习自学，本教材除了在每章配有客观题型的习题外，还安排了实验内容，提供了大量适合上机练习的题目，希望充分体现本教材的特点，成为一本易读、易教的实用教材。

为方便学生了解计算机等级考试的内容和题型，参考并引用了部分重庆市计算机等级考试的题目。由于时间仓促，编者水平有限，书中存在疏漏和不足之处在所难免，恳请同仁和专家批评指正，多提宝贵意见。

在本书的编写过程中，余沛、刘玲、肖湘、邓召学、刘真真、贺清碧、张颖淳、谢家宇、朱振国、姚雪梅、杨芳明、刘颖等老师提出了许多宝贵意见，在此表示感谢。如有问题可与作者联系，联系方式为：xxzzhou3@cqjtu.edu.cn，ztp@cqjtu.edu.cn.

编　者

2013 年 10 月于重庆交通大学

目　录

第 1 章　Visual Basic 语言导引

1.1　认识 Visual Basic 语言

Visual Basic 是从较早期的计算机程序语言 BASIC 发展而来的，对于开发 Windows 应用程序而言，Visual Basic 是目前所有开发语言中最简单、最容易使用的语言，而功能较之其他程序设计语言毫不逊色。Visual Basic 常简称为 VB。

1.1.1　Visual Basic 语言特点

（1）可视化的设计工具。

Visual Basic 提供的可视化设计工具，把 Windows 界面设计的复杂代码"封装"起来，使程序员不必再为界面的设计而编写大量程序代码，只需按设计的要求，用系统提供的工具在屏幕上"画出"各种对象，Visual Basic 自动产生界面设计代码。程序员所需要编写的只是实现程序功能的那部分代码；从而大大提高了编程的效率。

（2）面向对象的设计方法。

Visual Basic 采用面向对象的编程方法（Object-Oriented Programming），把程序和数据封装起来作为一个可以在计算机中加载运行的代码实体，即对象，并为每个对象赋予相应的属性。在设计对象时，不必编写建立和描述每个对象的程序代码，而是用工具"画"在界面上，由 Visual Basic 自动生成对象的程序代码并封装起来。

（3）事件驱动的编程机制。

Visual Basic 通过事件执行对象的操作。在设计应用程序时，不必建立具有明显开始和结束的程序，而是编写若干个微小的子程序，即过程。这些过程分别面向不同的对象，由用户操作引发某个事件来驱动完成某种特定功能，或由事件驱动程序调用通用过程执行指定的操作，从而完成和实现程序的各种功能。这样的编程机制，与传统的编程机制不同，程序的执行顺序与程序代码的编写顺序没有直接的关系，而取决于各事件发生的顺序。

（4）结构化的设计语言。

Visual Basic 是在结构化的 BASIC 语言基础上发展起来的，加上了面向对象的设计方法，因此是具有结构化特征的程序设计语言，可以使用结构程序设计的所有方法来完成各个过程的编写。

（5）充分利用 Windows 资源。

Visual Basic 提供的动态数据交换（DDE，Dynamic Data Exchange）编程技术，可以在应用程序中实现与其他 Windows 应用程序建立动态数据交换、在不同的应用程序之间进行通信的功能。

Visual Basic 提供的对象链接与嵌入（OLE，Object Link and Embed）技术则是将每个应用程序都看作一个对象，将不同的对象链接起来，嵌入到某个应用程序中，从而可以得到具有声音、影像、图像、动画、文字等各种信息的集合式文件。

Visual Basic 还可以通过动态链接库（DLL，Dynamic-Link Library）技术将 C/C++或汇编语言编写的程序加入到 Visual Basic 的应用程序中，或是调用 Windows 应用程序接口（API，Application Programming Interface）函数，实现 SDK（Software Development Kit）所具有的功能。

（6）开放的数据库功能与网络支持。

Visual Basic 具有很强的数据库管理功能。不仅可以管理 MS Access 格式的数据库，还能访问其他外部数据库，如 FoxPro、Paradox 等格式的数据库。另外，Visual Basic 还提供了开放式数据连接（ODBC，Open Database Connectivity）功能，可以通过直接访问或建立连接的方式使用并操作后台大型网络数据库，如 SQL Server、Oracle 等。在应用程序中，可以使用结构化查询语言（SQL）直接访问 Server 上的数据库，并提供简单的面向对象的库操作命令、多用户数据库的加锁机制和网络数据库的编程技术，为单机上运行的数据库提供 SQL 网络接口，以便在分布式环境中快速而有效地实现客户/服务器（Client/Server）方案。

（7）完备的 help 联机帮助功能。

Visual Basic 提供的帮助可算得上是面面俱到。其中 Visual Basic 使用手册，提供了有关使用 Visual Basic 强大功能的概念性的信息；语言参考则包括了 Visual Basic 编程环境和广泛的语言内容的信息。程序员可以在编写程序过程中，借助这些帮助信息，不断深入掌握 Visual Basic 提供的各种编程工具和编程技术。

1.1.2　设计 Visual Basic 应用程序的步骤

用 Visual Basic 开发应用程序，一般包含两部分工作：设计窗体界面和编写程序代码。

所谓窗体界面，是指人与计算机之间传递、交换信息的界面，是用户使用计算机的操作环境。通过窗体界面，用户向计算机系统提供命令、数据等输入信息，这些信息经过计算机处理后，又经过窗体界面，把计算机产生的输出信息送回给用户。窗体界面设计又包括建立对象和对象属性设置两部分。

Visual Basic 采用面向对象的编程机制，因此先要确定对象，然后才能针对这些对象进行代码编程。Visual Basic 编程中最基本的对象是窗体（即所谓的 Windows 窗口），各种控件对象必须建立在窗体上。

因此，设计 Visual Basic 应用程序的大致步骤如下：

（1）建立窗体界面的对象。

（2）设置对象的属性值。

（3）编写程序代码，建立事件过程。

（4）保存和运行应用程序。

（5）生成 EXE 文件。

例 1-1　设计程序，要求程序运行后，鼠标单击窗体时，窗体上显示"欢迎您来到 Visual Basic 世界！"。

第一步：创建窗体

启动 Visual Basic 后，选择"标准 EXE"选项，进入 Visual Basic 集成开发环境。此时系统已自动创建了一个窗体 Form1（如图 1-1 所示）。这个系统默认的窗体已能满足本例程序的要求，也就是程序的窗体界面。

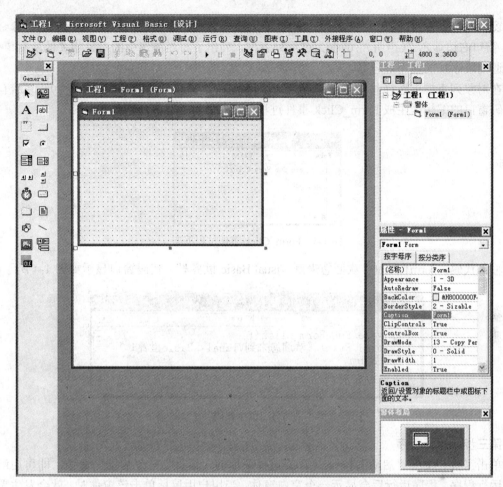

图 1-1　Visual Basic 创建的窗体

第二步：编写程序代码

（下面几种方式均可进入代码窗口，即代码编辑器，如图 1-2 所示。）

- 将鼠标指针移动到窗体内，单击鼠标右键，在弹出的快捷菜单中单击 "查看代码" 命令；
- 在 Visual Basic 主窗口中选择 "视图" 菜单中的 "代码窗口" 命令；

在工程资源管理器窗口中用鼠标单击 "查看代码" 按钮 ，系统弹出与该窗体相对应的代码窗口。

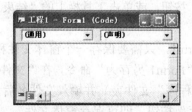

图 1-2　代码窗口

这个代码窗口的标题为 "工程 1-Form1（Code）"，表示当前工程名默认为 "工程 1"。Form1 表示窗体名，圆括号内的 Code 表示显示的是该窗体模块的代码窗口。

窗口左边显示"(通用)"的框为"对象"列表框,列出了当前窗体 Form1 中的对象(控件);窗口右边显示"(声明)"的框为过程列表框,列出了与当前选中的对象相关的所有事件,或在通用段添加的通用过程名。

在对象列表框中选择对象 Form,在过程列表框中选择事件 Click(单击事件),系统自动在代码窗口的编辑区生成 Form_Click 事件过程的模板,如图 1-3 所示。

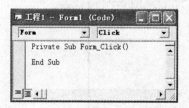

图 1-3　Form_Click 事件过程框架

输入代码:form1.Print "欢迎您来到 Visual Basic 世界!",代码窗口显示如图 1-4 所示。

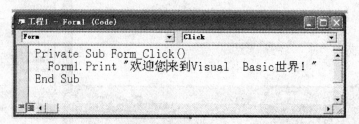

图 1-4　程序代码

第三步:运行程序

单击工具栏上的"启动"按钮　▶，或选择菜单的"运行"→"启动"命令,即可用解释方式运行程序。程序运行后会显示一个空白窗体,当用户用鼠标单击该窗体时,就会发生单击窗体事件,系统执行 Form_Click 事件过程,从而在窗体上输出"欢迎来到 Visual Basic 世界!"的字样,如图 1-5 所示。

图 1-5　单击窗体时的显示信息

单击窗体右上角的"关闭"按钮,或单击工具栏上的"结束"按钮,即可结束程序的运行。

第四步:保存程序

本例中只涉及一个窗体 Form1,只需要保存一个窗体文件和一个工程文件:

①执行菜单的"文件"→"Form1 另存为"命令,在"文件另存为"对话框中选择好保存位置(如新建的"Visual Basic 程序"文件夹)并输入文件名后,(如 Visual Basic1-1,注意,不要输入后缀.frm)单击"保存"按钮,即可保存窗体文件。

②执行菜单的"文件"→"工程另存为"命令,在"工程另存为"对话框中选择保存位置(与窗体文件保存的位置相同)并输入文件名(可与窗体文件同名,也不要输入后缀.vbp)后单击"保存"按钮。

第五步：生成 EXE 文件

在保存文件后，选择"文件"→"生成….exe"命令（…为输入的工程名），系统弹出"生成工程"对话框，默认位置、文件名与工程文件相同，单击"保存"按钮，即可生成 EXE 文件，该文件在 Windows 下可以通过鼠标双击独立运行。

1.1.3　面向对象程序设计的概念

在上面的例题中，我们已经接触到了对象（也称控件对象）、对象属性、事件、事件过程这些 Visual Basic 程序设计中最基本的概念，即面向对象程序设计的基本概念。本节将一一进行深入地讨论。

（1）类。

类（Class）是一组用于定义对象的相关数据和方法的集合。简单地说，类是创建对象的模型，对象则是按模型生产出来的成品，是类在应用程序中的具体实例。

在 Visual Basic 中，工具箱中的每一个控件，如文本框、标签、命令按钮等，都代表一个类。当将这些控件添加到窗体上时就创建了相应的对象。由同一个类创建的对象（如文本框控件 Text1、Text2、Text3 等）具有由该类定义的公共属性、方法和事件。

（2）对象。

在 Visual Basic 程序语言中，对象是 Visual Basic 系统中的基本运行实体，是 Visual Basic 应用程序的基本单元，如在上面例题中用到的窗体。

在 Visual Basic 中的对象分为两类，一类是由系统设计好的，称为预定义对象，可以直接使用或对其进行操作，如工具箱中的标准控件；另一类是由用户自定义的对象。本教材仅使用到 VB 预定义对象（即 VB 工具箱中的标准控件），用户自己定义的对象请参考其他相关资料。

对象具有属性、事件和方法三要素。

（3）容器对象。

在 Visual Basic 中，窗体是一种对象，同时它是摆放其他对象（如标签、文本框、命令按钮等）的载体或容器，也称之为容器对象或容器控件（或控件容器）。

（4）属性。

每个对象都有自己的特征，称为对象的属性（Property）。不同类型的对象具有不同的属性。例如，命令按钮具有名称、标题、大小、位置等属性；文本框具有名称、文本内容、显示的最大字符数、字体等属性。对象的属性就是描述对象特征的一组数据。

设置对象属性有两种方法：

1）在用户界面设计时，通过"属性"窗口手动设置对象的属性。

[方法] 选定对象，在"属性"窗口中双击要设置的属性名，或先选择属性名，然后单击右边的属性值框，即可设置或修改相应的属性值，这种方法的优点是可以立即在窗体上看到效果。

2）在程序代码中更改对象的属性。

[格式] [对象名.]属性名=属性值，表示将对象的属性值设置为指定数据，例如：

Form1.FontSize = 20　　'设置窗体显示字符的大小为 20

（5）方法。

方法（Method）是对象能够主动完成的操作，每种对象能做的操作在定义类时已经确定了。方法只能在程序代码中使用，其调用格式为：[对象名.]方法名[(参数)]。有的方法需要提供参数，有的方法是不带参数的。例如：

Forml.C1s   '清除窗体 Forml 上显示的内容

（6）事件。

事件（Event）是由 Visual Basic 系统预先设置好的、能够被对象识别的动作，即对象被动接受的动作，每种对象能接受的动作也是在定义类时确定的。例如，单击（Click）事件、双击（DblClick）事件等。每一种对象能识别的事件，在设计阶段可以从代码窗口中该对象的过程框的下拉列表框中看到，如图 1-6 右侧所示的是窗体对象所能识别的事件。

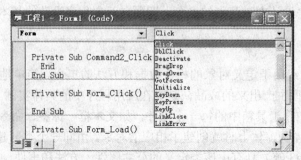

图 1-6   窗体控件能识别的事件

对象的事件可以由用户触发，如单击鼠标、按键盘上的某个键等；也可以由系统或应用程序触发，如装载窗体、卸载窗体等。

（7）事件过程。

对象响应事件后就会执行一段程序代码，这样的代码称为事件过程或事件驱动程序。一个对象可以识别一个或多个事件，因此可以使用一个或多个事件过程对相应的事件做出响应。

事件过程的一般格式如下：

Private Sub 对象名_事件名([参数表])

　　处理事件的程序代码

End Sub

如例 1-1 中的事件过程代码是：

Private Sub Form_Click()

Print "欢迎您来到 Visual Basic 世界！"

End Sub

虽然对象拥有许多事件过程，但程序设计者并不需要去为每个事件都编写事件过程，只需要编写自己想要触发的那些事件过程。

（8）事件驱动。

Visual Basic 应用程序运行时，先装载和显示一个窗体，然后等待下一个事件（由用户操作来引发或程序运行触发）的发生。当某一事件发生时，程序就会执行此事件的事件过程，完成一个事件过程后，程序又会进入等待状态，直到下一事件发生为止。如此周而复始地执行，直到程序结束。也就是说，事件过程要经过事件的触发才能被执行，这种工作模式称为事件驱动方式。

Visual Basic 程序采用事件驱动的运行机制，是通过响应不同的事件执行不同的事件过程的程序代码段。响应的事件顺序不同，执行的程序代码段的顺序也不同，即事件发生的顺序决定了整个程序的执行流程。由于事件可以由用户触发，也可以由系统或应用程序触发，所以程序每次执行的流程都可以不同。因此，设计 Visual Basic 应用程序时，用户一定要明确哪个对象的哪个事件发生时需要机器完成哪些工作，进而编写一些必要的事件过程。

1.2　窗体

窗体（Form）或窗口，是 Visual Basic 程序中最重要、最基本的对象，任何应用程序至少有一个窗体，它是 Visual Basic 程序设计的基础，各种控件对象都是摆放在窗体上的，一个窗体对应一个窗体程序模块，用一个独立的窗体文件.frm 存放，是 Visual Basic 程序中最重要的文件。建立应用程序时，会自动生成一个窗体。

1.2.1　窗体的属性

窗体的属性决定了窗体的外观和行为，新建窗体时系统将取各种属性的默认值。用户可以在设计时，在属性窗口中用手工设置窗体的属性，也可以在程序运行时通过代码实现窗体属性的设置。

窗体的基本属性有 Name、Height、Width、Left、Top、Enabled、Visible、ForeColor 和 Font 等。这些属性也是大多数标准控件的基本属性，见表 1-1。

表 1-1　窗体的基本属性

属性	功能	默认值	备注
Name（名称）	窗体名称。只能在设计阶段通过属性窗口改变，运行时不能更改，即是只读属性	Form1,Form2…	只读
Caption	在窗体的标题栏中显示的标题	Form1,Form2…	
MinButton	取值为 True/False，确定是否显示最小化按钮	True	只读
MaxButton	取值为 True/False，确定是否显示最大化按钮	True	只读
ControlButton	取值为 True/False，确定是否显示三个控制按钮（最大化、最小化、关闭按钮）	True	只读
BackColor	设置窗体的背景色		
ForeColor	设置窗体上显示文本的颜色		
Font	设置窗体上显示文本的字体		
Enabled	取值为 True/False，设置窗体运行时能否接受用户的操作	True	
Visible	取值为 True/False，设置窗体运行时是否可见	True	
BorderStyle	设置窗体边框的类型，取值范围为 0 到 5		
Picture	设置窗体背景的图像	空	
Left、Top	设置或返回窗体的左边框距屏幕左边的距离、顶部距屏幕顶部的距离		
Height、Width	设置或返回窗体的高度和宽度		
WindowState	窗体开始运行时的初始显示状态，0 表示正常状态（默认值），1 表示最小化，2 表示最大化	0	

说明：

Picture（图形）：设置窗体中显示的图片。在属性窗口中单击该属性行右端的三点式按钮▦，弹出"加载图片"对话框，可以从中选择一个合适的图形文件，也可以在应用程序中使用图片装载函数 LoadPicture()来设置，格式为：[对象.]Picture=LoadPicture("文件名")。

1.2.2 窗体的事件

窗体作为对象，能对事件做出响应，常用窗体事件如表 1-2 所示。窗体事件过程的一般格式为：

```
Private Sub Form_事件名([参数表])
    ……
End Sub
```

表 1-2   窗体的常用事件

事件	功能
Initialize	自动发生，初始化所有的数据
Load	自动发生在 Initialize 之后。装载窗体，但此时窗体不是活动的
Activate	自动发生在 Load 之后。激活窗体，等待其他事件发生，此时才能响应用户在界面上的交互操作
Click	单击窗体，触发 Click 事件
DbClick	双击窗体，触发 DbClick 事件
Resize	如果进行了改变窗体大小的操作，才会触发 Resize 事件
Unload	关闭窗口时才发生。把窗体从内存中删除（即卸载窗体）

1.2.3 窗体调用的方法

窗体可调用的方法很多，常用的在程序代码中调用窗体的方法及其功能如表 1-3 所示。

表 1-3   窗体调用的常用方法

方法	格式	功能
Cls	[Object.]Cls	清除运行时输出的文本和图形
Print	[Object.] Print	在窗体上输出文本
Show	\<Form.> Show	显示窗体
Hide	\<Form.> Hide	隐藏窗体
Move	[Object.] Move Left,Top,Width,Height	移动窗体或控件

窗体作为 Visual Basic 程序中最重要的控件，不仅具有丰富的属性供用户设置，而且有一些重要的方法，方便用户对窗体进行操作。

（1）Show（显示）方法：用于快速显示一个窗体，使该窗体变成活动窗体。

执行 Show 方法时，如果窗体已装载，则直接显示窗体；否则先执行装载窗体操作，再显示。

说明：Load 语句只是装载窗体，并不显示窗体。要想显示窗体，应执行窗体的 Show 方法。用 Show 方法显示窗体，用 Hide 方法隐藏窗体，这和在代码中将 Visible 属性分别设置为 True 或 False 的效果是一样的。

（2）Print（打印）方法：用于在窗体上输出字符数据。

（3）Cls（清除）方法：用于清除运行时在窗体上显示的文本或图形。

（4）Move（移动）方法：用于移动并改变窗体或控件的位置和大小。

[格式]　[对象.]Move left,top,width,height

其中，left 和 top 参数表示将要移动对象的目标位置的 x，y 坐标；width 和 height 参数表示移动到目标位置后，对象的宽度和高度，以此改变对象的大小。

说明：只有 left 参数是必须的。另外，要指定任何其他的参数，必须先指定该参数前面的全部参数。例如，如果不先指定 left 和 top 参数，则无法指定 width 参数。任何没有指定的尾部的参数则保持不变。例如下面程序运行后，单击窗体，则会在屏幕的左上角显示一个正方形的小窗体。

```
Private Sub Form_Click()
    Me.Move 0, 0, 2000, 2000
End Sub
```

例 1-2　设计程序，要求程序运行后窗体标题显示"初始状态"，单击窗体，则窗体标题为"单击窗体"，同时加载一张图片；双击窗体，则窗体标题为"双击窗体"，同时加载另一张图片。

分析：利用窗体的 Caption\Picture 等属性可以实现题目要求。假设在 d:\下已经保存两张图片，名字为 1.jpg 和 2.jpg。书写代码如下：

```
Private Sub Form_Click()
Form1.Caption = "单击窗体"
Form1.Picture = LoadPicture("d:\1.jpg")
End Sub
Private Sub Form_DblClick()
Form1.Caption = "双击窗体"
Form1.Picture = LoadPicture("d:\2.jpg")
End Sub
Private Sub Form_Load()
Form1.Caption = "初始状态"
End Sub
```

请运行程序并观察窗体变化，体会 Visual Basic 程序书写方法。

例 1-3　设计程序，要求程序运行后，窗体处于屏幕左上角，单击窗体则窗体沿屏幕主对角线移动；双击窗体程序结束。

分析：利用窗体的 Left 和 Top 属性可确定窗体在屏幕上的位置。书写代码如下：

```
Private Sub Form_Click()
Form1.Left = Form1.Left + 100
Form1.Top = Form1.Top + 100
End Sub
Private Sub Form_DblClick()
End
End Sub
Private Sub Form_Load()
Form1.Width = 1000
Form1.Height = 2000
Form1.Left = 0
Form1.Top = 0
End Sub
```

请运行程序并观察窗体在屏幕上的位置变化，体会窗体属性值的改变方法。

习题 1

一、单项选择题

1. Visual Basic 是一种（　　）的可视化程序设计语言。
   A. 面向机器　　　B. 面向过程　　　C. 面向问题　　　D. 面向对象
2. 在 VB 中，下面被称为对象的是（　　）
   A. 窗体　　　　　B. 控件　　　　　C. 窗体和控件　　　D. 窗体、控件、属性
3. 以下说法正确的是（　　）
   A. 对象的可见性可设为 1 或 0
   B. 标题的属性值可设为任何文本
   C. 如果属性的值不设置，默认为空
   D. 属性窗口中属性只能按字母顺序排列
4. 为了在属性窗口中设置窗体的属性，预先要执行的操作是（　　）。
   A. 单击窗体上没有控件对象的地方　B. 单击任一个控件对象
   C. 双击任一个控件对象　　　　　　D. 双击窗体上没有控件对象的地方
5. 要设置窗体上各控件的属性，可在（　　）中进行。
   A. 窗体布局窗口　　　　　　　　　B. 工程资源管理器窗口
   C. 属性窗口　　　　　　　　　　　D. 窗体窗口
6. 在代码窗口中，当从对象框中选定了某一对象后，在（　　）中会列出适用该对象的事件。
   A. 过程框　　　　B. 属性窗口　　　C. 工具箱　　　　D. 工具栏
7. 创建一个简单的应用程序，该程序只有一个窗体，则该工程至少有（　　）个文件需要保存。
   A. 1　　　　　　　B. 2　　　　　　　C. 3　　　　　　　D. 4
8. 程序运行中用鼠标双击当前窗体时，会触发窗体的（　　）事件。
   A. Load　　　　　B. Unload　　　　C. DblClick　　　D. KeyPress
9. 在 Visual Basic 6.0 集成开发环境中，可以（　　）。
   A. 编辑、调试、运行程序，但不能生成可执行程序
   B. 编辑、运行程序，生成可执行程序，但不能调试程序
   C. 编辑、调试程序，生成可执行程序，但不能运行程序
   D. 编辑、调试、运行程序，并能生成可执行程序
10. 以下叙述正确的是（　　）。
    A. 用属性窗口只能设置窗体的属性
    B. 用属性窗口只能设置工具箱中标准控件的属性
    C. 用属性窗口可以设置窗体和控件的属性
    D. 用属性窗口可以设置任何对象的属性
11. 在 VB 程序运行期间，若改变窗体大小，则自动触发的窗体事件是（　　）。

　　　A．Click　　　　　　B．Resize　　　　　　C．Load　　　　　　D．Unload

12．以下为窗体文件扩展名的是（　　　）。

　　　A．.bas　　　　　　B．.cls　　　　　　　C．.frm　　　　　　D．.ers

13．能确定控件尺寸的是（　　　）。

　　　A．Width 和 Height　　　　　　　　　B．Top 和 Left

　　　C．Width 或 Height　　　　　　　　　D．Top 或 Left

二、多项选择题（要求在五个备选答案中选出多个正确答案）

1．下列论述中，正确的是（　　　）。

　　　A．Visual Basic 用于开发 Windows 环境下的应用程序

　　　B．Visual Basic 只能采用解释方式执行程序

　　　C．Visual Basic 中的窗体是对象

　　　D．事件就是在对象上所发生的事情，Visual Basic 中的事件有 Click，DblClick 等

　　　E．一个对象可以响应的事件可以有多个，用户不能建立新的事件

2．在设计阶段，从窗体窗口切换到代码窗口，可以采用的操作是（　　　）。

　　　A．单击窗体

　　　B．双击窗体

　　　C．单击工程资源管理器窗口中的"查看代码"按钮

　　　D．单击代码窗口中任何可见部位

　　　E．选择"视图"菜单中的"代码窗口"命令

3．能使窗体 Form1 不可见的语句有（　　　）。

　　　A．Form1.Height = 0　　　　　B．Form1.Width = 0　　　　C．Form1.Visible = 0

　　　D．Form1.BorderStyle = 0　　　E．Form1.Hide = 0

4．确定一个窗体或控件大小及位置的属性是（　　　）。

　　　A．Width　　　　　　B．Height　　　　　　C．Top

　　　D．Left　　　　　　　E．Enable

三、填空题

1．Visual Basic 采用_____编程机制。

2．Visual Basic 提供两种运行程序的方式，一种是_____方式，另一种是_____方式。

3．对象的三要素是_____、_____和_____。

4．如果要在单击窗体时执行一段代码，则应将这段代码写在窗体的_____事件过程中。

5．在设计阶段，当双击窗体上某个控件时，所打开的是_____窗口。

实验 1

一、实验目的

（1）了解 Visual Basic 6.0 的集成开发环境及应用程序的开发过程。

（2）理解 Visual Basic 中对象的概念。

（3）掌握 Visual Basic 窗体的常用属性、常用事件和重要方法。

（4）掌握在 Visual Basic 中建立应用程序的方法。

二、实验内容

（一）运行实例程序，学习调试程序的步骤。

实例 1　建立 Visual Basic 6.0 应用程序过程

首先在 D 盘根目录下建立一个 myVB 文件夹，以便将练习中生成的各种文件保存在该文件夹中。

（1）建立一个新的工程。

启动 Visual Basic 6.0，选择新建一个新的工程，此时进入到 Visual Basic 6.0 集成开发环境，屏幕上出现一个默认的 Form1 窗体。

（2）在窗体上画控件。

①用鼠标单击工具箱中的文本框 TextBox，再在窗体的合适位置画出一个文本框对象 Text1，用鼠标选中该对象，然后在属性窗口中将其 Text 属性值设为"同学们好"。

②用鼠标单击工具箱中的"命令"按钮 CommandButton，在窗体的合适位置画出一个命令按钮 Command1，用鼠标选中该命令按钮，然后在属性窗口中将其 Caption 属性设为"显示"。

③在窗体中再画 1 个命令按钮，然后将其 Caption 属性设为"清除"。窗体如图 1-7 所示。

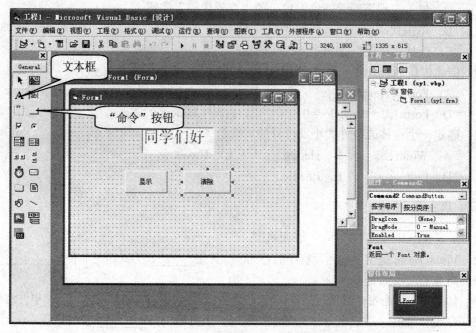

图 1-7　窗体设计界面

（3）编写程序代码。

①双击"显示"命令按钮，打开代码窗口，如图 1-8 所示，然后输入如下代码：

```
Private Sub Command1_Click()
    Text1.Visible = True
End Sub
```

②在代码窗口的"对象"列表框中选择对象 Command2；在"过程"列表框中选择事件

Click（如图 1-4 所示），然后输入如下代码：

```
Private Sub Command2_Click()
    Text1.Visible = False
End Sub
```

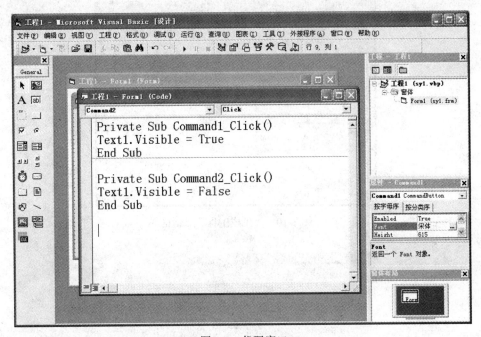

图 1-8　代码窗口

（4）运行程序。

用鼠标单击工具栏中"启动"按钮 ▶（或执行菜单"运行"→"启动"命令）。此时，程序开始运行，并出现图 1-9 所示画面，单击"清除"按钮，窗口上的文字消失；单击"显示"按钮，又使文字显示出来。

图 1-9　程序运行时窗口的效果

（5）保存文件。

选择"文件"→"保存工程"菜单命令，或单击工具栏中的"保存工程"按钮。由于是第一次保存文件，因此在弹出的"文件另存为"对话框中提示保存窗体文件，将窗体文件保存在 D 盘的 myVB 文件夹下（文件名为 sy1.frm），此时，系统会继续提示保存工程文件，将工程文件也保存在 D 盘的 myVB 文件夹下，并保存文件名为 syl.vbp。

（6）生成可执行文件。

执行菜单"文件"→"生成 sy1.exe"命令，弹出"生成工程"对话框，此时可执行文件名已默认为 sy1，如图 1-10 所示。在该对话框中单击"选项"按钮，打开"工程属性"对话框，如图 1-11 所示，在该对话框中可以设置版本号、版本信息、编译选项等。最后单击"确定"按钮进行编译。

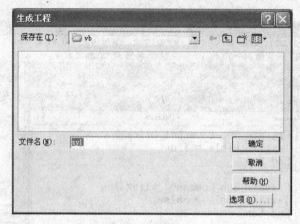

图 1-10　"生成工程"对话框

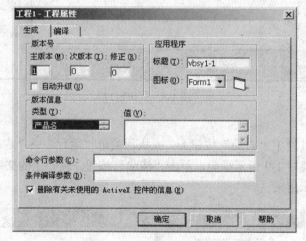

图 1-11　"工程属性"对话框

（7）运行可执行文件。

双击 D\VB 下的 sy1.exe 文件，运行该可执行文件。启动该程序后的窗口如图 1-9 所示。

（二）调试运行程序。

1．新建一个工程，在属性窗口中对窗体的属性进行如下设置：

Width（宽）　　　　　　　　6000
Height（高）　　　　　　　　2000
Caption（标题）　　　　　　VB 应用程序
BackColor（背景颜色）　　　蓝色
Left（左边位置）　　　　　　1800
Top（顶边位置）　　　　　　300

在设置过程中，观察窗体外观有何变化，运行程序后，观察窗体外观又有何变化。

2．新建一个工程，在代码窗口中编写如下代码，程序运行后，观察窗体的标题、颜色、位置和大小。请读者试着对代码进行修改，运行修改后的代码，观察此时窗体的变化。

```
Private Sub Form_Load()
    Form1.Caption = "程序设计题第 2 题的窗体"
    Form1.BackColor = vbBlue
    Form1.Left = 1000
    Form1.Top = 1000
    Form1.Width = 5000
    Form1.Height = 5000
End Sub
```

第 2 章　Visual Basic 语言基础

Visual Basic 是人机交流的工具，与其他语言一样，Visual Basic 也规定了自己的语言元素。了解这些语言元素才能用 Visual Basic 语言中合法的形式书写程序代码，实现用户指挥机器完成指定工作的愿望。构成 Visual Basic 应用程序的基本元素是数据类型、常量、变量、表达式和函数等。

2.1　基本数据类型

电子计算机是处理数据的机器，要处理数据必须要解决表示和存储数据的问题。

Visual Basic 提供的数据类型主要有数值型、字符型、布尔型、日期型、变体型和对象型。数值型数据又分为整数、浮点数、字节型数和货币型数。其中整数又分为整型数和长整型数，浮点数（实型数或实数）又分为单精度型数和双精度型数。

不同类型的数据，所占用机器的存储空间不同（如表 2-1 所示），因此选择使用合适的数据类型，可以节省机器的存储空间和提高机器的运行速度。

表 2-1　Visual Basic 的基本数据类型

数据类型	名称	占用字节数	类型符（尾标）	表数范围
整型	Integer	2	%	-32768～32767
长整型	Long	4	&	-2147483648～2147483647
单精度型	Single	4	!	±1.4E-45～±3.40E38
双精度型	Double	8	#	±4.94D-324～±1.79D308
字符串型	String	字符串长	$	
布尔型	Boolean	2		True 或 False
日期型	Date	8		100.1.1～9999.12.31
变体型	Variant	按需要分配		
货币型	Currency	8	@	
字节型	Byte	1		0～255
对象型	Object	4		可供任何对象引用

2.1.1　数值型（Numeric）

整数类型又分为整型、长整型和字节型，它们的运算速度快、精确度高，但表数范围小。

实数类型数据就是带有小数的数，小数点的位置不固定，也称为浮点型，表示数的范围大，但运算时可能会产生一些小的误差。实数类型又分为单精度（Single）型、双精度（Double）型和货币型（Currency）类型三种。

（1）整型（Integer）。

　　整型数据类型由数字和正负符号组成，不带小数点，正数可以不要正号。可以在数据后面加尾标%以表示整型数据，如：234%、-456%。整型数据可以用十进制、十六进制和八进制形式表示。

- 十进制整数：只能含 0～9、正号和负号，如：10，255，-45。
- 十六进制整数：由数字 0～9、A～F 或 a～f 组成，并以&H 引导，其总的位数<=4，其范围为&H0～&HFFFF。
- 八进制整数：只能是正数，由数字 0～7 组成，并以&O 或&引导，其总的位数<=6，其范围为&O～&O177777。

　　注：这三种形式的整数，在计算机中的存储形式都是一样的，都是由 16 位二进制数构成的补码。

　　例 2-1　在程序中分别用十进制、十六进制和八进制形式表示 100。

　　新建一个工程，为其窗体编写一个 Click 事件过程如下：

```
Private Sub Form_Click()
    Print 100; &H64; &O144
End Sub
```

运行程序并单击窗体，则在窗体上显示三个 100，如图 2-1 所示。

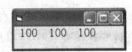

图 2-1　例 2-1 的运行结果

　　（2）长整型（Long）。

　　长整型数据类型也是由数字和正负号组成，可以在数据后面加尾标&以表示长整型数据。例如：3456&，-2573&，28&。

　　同样，以&H 引导的为十六进制整数，其总的位数<=8；以&O 或&引导的为八进制整数，其总的位数<=12。

　　注：长整型数在计算机中的存储形式为 32 位二进制数构成的补码。

　　（3）字节型（Byte）。

　　字节型数据可以表示无符号的整数，范围为 0～255，主要的用途是保存声音、图像和动画等二进制数据。

　　（4）单精度实型（Single）。

　　单精度实型数据最多可以表示 7 位有效数字，小数点可位于这些数字的任何位置，可以在数据后面加尾标!以表示单精度数据，例如：123.456!，6283.678!。

　　单精度数可书写成指数形式（科学记数法），即写成以 10 为底的指数形式，例如：$6.45E8(6.45\times10^8)$，$3.452E-6(3.45\times10^{-6})$。

　　（5）双精度实型（Double）。

　　双精度实型数最多可以表示 15 位有效数字，小数点可位于这些数字的任何位置，可以在数据后面加尾标#以表示双精度数据，例如：3456123.45645#，786283.1234678#。

　　双精度数可书写成指数形式（科学记数法），即写成以 10 为底的指数形式，例如：6.4556734D8（即 6.4556734×10^8），3.45298764D-6（即 3.4598764×10^{-6}）。

　　说明：对书写成指数形式的常数，若用 D 或 E 分隔尾数部分和指数部分，以及所有没有尾标的实型常数，系统都将视为 Double 数据类型来处理，以保证计算有较高的精度。

（6）货币类型（Currency）。

货币型数是一种专门为处理货币而设计的数据类型。它用于表示定点数，其小数点左边最多有 15 位整数，右边最多有 4 位小数。在数据后面加尾标@以表示货币类型数据，例如：296.25@，201589.78@。

使用货币型数据，表示的数据范围较实型数据小，但在数值计算中，产生的误差较实型数据小得多。

2.1.2　字符串型（String）

字符串类型存放字符型数据。字符可以包括西文字符和汉字，并用双引号""括起来，如"1234"、"abcd456"、"程序设计"、"A"等。在 Visual Basic 中不区分字符型数据和字符串型数据。

空字符串用""表示，即双引号中什么都没有，连空格也没有，空格称为空格字符。

字符串中包含的字符个数称为字符串的长度。空字符串的长度为 0。在 Visual Basic 中，一个汉字被作为一个字符来处理。

字符串又分为变长字符串和定长字符串。

（1）变长字符串。

变长字符串的长度不固定，随着字符串所含字符数的不同，在计算机中为变长字符串分配存储的空间（字节数）也随着字符数变化，变长字符串最多可容纳 2^{31} 个字符，在程序中使用的字符串多为变长字符串。

（2）定长字符串。

定长字符串能容纳的字符数是固定不变的，在计算机中为定长字符串分配存储的空间（字节数）也是固定不变的，而不管字符串的实际长度有多少。定长字符串最多可容纳 2^{16} 个字符。

2.1.3　布尔型（Boolean）

布尔型又称为逻辑型，其数据只有两个值，True（真）和 False（假），常用于表示逻辑判断的结果。

Visual Basic 中允许数值数据和逻辑数据的转换使用，当把数值型数据转换成逻辑型数据时，非 0 对应 True，0 对应 False。当把 Boolean 值转换为数值型时，False 对应 0，True 对应-1。

2.1.4　日期型（Date）

日期型数据用于表示日期和时间。日期型数据占据 8 个字节，表示的日期范围从公元 100 年 1 月 1 日～9999 年 12 月 31 日，时间范围是 0:00:00～23:59:59。日期型数据的表示方法有：一般表示法和序号表示法。

一般表示法又称为号码符表示法：用#把日期和时间的字符串括起来。例如：#January1，1997#，#1 Jan，97#，#5/12/98#，#2000-12-20 12:30:00 PM#等。

在日期类型的数据中，不论将年、月、日按照何种排列顺序输入，日期之间的分隔符用的是空格还是"-"号，月份用数字还是用英文单词表示，系统都会自动将其转换成由数字表示的"月/日/年"的格式。如果日期型数据不包括时间，则 Visual Basic 会自动将该数据的时间部分设定为午夜 0 点。如果日期型数据不包括日期，则 Visual Basic 会自动将该数据的日期部分设定为公元 1899 年 12 月 30 日。

序号表示法又称为数字序列表示法：用一个双精度的实数来表示日期，小数点左边的整数部分代表日期，小数点右边的小数部分代表时间。午夜为 0，正午为 0.5。用于计算日期的基准是 1899 年 12 月 30 日，负数表示在此之前的日期，正数表示在此之后的日期。例如：1.5 表示 1899 年 12 月 31 日中午 12 点，-5.3 表示 1899 年 12 月 25 日上午 7 点 12 分。

2.1.5　对象型（Object）

对象型数据可以用于表示应用程序中的对象。使用时先用 Set 语句给对象赋值，其后才能引用对象。本教材中几乎不涉及对象型数据的应用，有兴趣的读者可参看相关资料。

2.1.6　变体型（Variant）

变体型数据是一种可变的数据类型，可以存储任何类型的数据。

2.2　变量与常量

程序中使用的数据不是以常数或常量的形式出现，就是以变量的形式出现，它们是程序操作的对象。

2.2.1　Visual Basic 的标识符

标识符是 Visual Basic 中标识某个量的字符串。标识符分两类，一类是系统内部定义的标识符，又称关键字或保留字，主要用于标识内部符号常量、内部函数和语句等。另一类是用户自己定义的标识符。主要标识程序中使用的变量、过程、对象的名字等。

标识符的组成：

（1）由字母、数字、下划线和中文文字组成；

（2）第一个字符必须是英文字母或中文文字；

（3）字符个数不能超过 255 个字符；控件、窗体、类和模块的名字不能超过 40 个字符。

（4）不能包含标点符号；不可以包含小数点（西文句号）或者类型声明字符（规定数据类型的特殊字符，即尾标：#、!、@、%、&等）。

（5）不能使用 Visual Basic 保留字。

说明：

①Visual Basic 中不区分字母大小写，一般变量首字母用大写，其余用小写字母表示；常量全部用大写字母表示。

②为了增加程序的可读性，可以在变量名前加缩写的前缀来表明数据的类型。常用的前缀有：整型 int，长整型 lng，单精度型 sng，双精度型 dbl，字符串型 Str，逻辑型 bln，日期型 dtm 等。

2.2.2　常量

常量是指程序运行过程中保持不变的量。在 Visual Basic 中，常量包含一般常量和符号常量。

（1）一般常量。

一般常量也叫直接常量，是在程序代码中直接给出的数据，分为以下四种类型：

1）字符串常量：用双引号括起来的一串字符，如"Visual Basic"，"12.25"等。

2）数值常量：即一般的常数，有整数、长整数、单精度数、双精度数和字节数共 5 种，如 25，-13，3.141592，12E7 等。

3）布尔常量：即逻辑常量，只有 True 和 False 两个值。

4）日期常量：用两个#符号括起来表示日期和时间的字符串，即用一般表示法表示的日期类型的数据，例如：#Jan 1, 2005#, #9/12/2005#。

Visual Basic 在判断常量类型时有时存在多义性，例如，数值 5.4 可能是单精度类型，也可能是双精度类型或货币型。在默认情况下，Visual Basic 会选择表示精确度最高的数据类型，故 5.4 作为双精度数处理。为了指明常量的数据类型，可以在常量后面加上说明类型的的尾标，例如 5.4@、234.56!、456.78345#等。

（2）符号常量。

符号常量是在程序代码中用符号表示的常数。

符号常量分为两大类，一类是系统内部定义的符号常量，这类常量用户随时可以使用，典型的例子是 Visual Basic 约定的表示颜色值的符号常量，这里顺便谈谈 Visual Basic 中表示颜色值的 4 种方式：

1）用&HBBGGRR 形式的 6 位十六进制数或十进制整数描述颜色。

按照三基色原理，从最高字节到最低字节依次决定蓝（BB）、绿（GG）和红（RR）的量。蓝、绿、红的量分别由一个介于 0～255（&H00～&HFF）之间的数表示。表示 RGB 颜色的十进制数值的取值范围 0（&HO00000）～16,777,215（&HFFFFFF）。例如：&060000 表示深绿色。

2）使用 Visual Basic 系统规定的描述颜色的符号常量，如表 2-2 所示。

表 2-2　VB 规定的颜色符号常量

符号常量	对应的数值常量	颜色
vbBlack	&H0	黑色
vbRed	&HFF	红色
vbGreen	&HFF00	绿色
vbYellow	&HFFFF	黄色
vbBlue	&HFF0000	兰色
vbMagenta	&HFF00FF	洋红
vbCyan	&HFFFF00	青色
vbWhite	&HFFFFFF	白色

3）使用 RGB（r,g,b）函数。

RGB（r,g,b）函数采用三基色原理，其中 r，g，b 的取值分别是 0～255 之间的整数，分别表示红、绿、蓝三种颜色的成分。用该函数可以勾兑出某种颜色。

RGB（255,0,0）表示红色

RGB（0,255,0）表示绿色

RGB（0,0,255）表示蓝色

RGB（255,255,0）表示黄色

RGB（255,0,255）表示紫色

RGB（0,255,255）表示青色

RGB（0,0,0）表示黑色

RGB（255,255,255）表示白色

4）使用 QBColor（Color）函数。其中 Color 参数的取值与颜色的关系如表 2-3 所示。例如：QBColor（1）表示蓝色，QBColor（14）表示亮黄色。

表 2-3　Color 参数

值	颜色	值	颜色
0	黑色	8	灰色
1	蓝色	9	亮蓝色
2	绿色	10	亮绿色
3	青色	11	亮青色
4	红色	12	亮红色
5	洋红色	13	亮洋红色
6	黄色	14	亮黄色
7	白色	15	亮白色

另一类符号常量是用户用 Const 语句定义的常量，这类常量必须先声明后使用。声明格式为：[Public|Private] Const 常量名[As 数据类型] = 运算式，常量名是有效的符号名，运算式由数值常量或字符串常量以及运算符组成（不能使用函数）。例如：

```
Const conPi = 3.14159265358979          '定义双精度符号常量 conPi
Public Const conMaxPlanets As Integer = 9     '定义整型符号常量 conMaxPlanets
Const conReleaseDate = #1/1/95#          '定义日期型符号常量 conReleaseDate
Public Const conVersion = "07.10.A"       '定义字符串型符号常量 conVersion
Const conCodeName = "Enigma"           '定义字符串型符号常量 conCodeName
```

等号（=）右边的运算式往往是数字或文字串，但也可以是其结果为数或字符串的运算式，甚至可用已定义过的符号常量定义新的符号常量。例如：

```
Const conPi2 = conPi * 2
```

符号常量一旦定义，在代码中就能像常数一样使用，这样可以提高代码的可读性。例如，Form1.ForeColor = vbRed，Form1.BackColor = vbWhite 分别表示设置窗体的前景色为红色，背景色为白色。

2.2.3　变量

程序中的变量是机器内存中一个存储数据的空间，称为内存单元，为了方便使用内存单元需要给它取个名字，即变量名，内存单元的大小由其类型决定。因此，变量必须有名字和类型，而且要先声明变量的名字和类型，然后才能使用。

在 Visual Basic 中，声明变量的方式有以下几种。

（1）用 Dim 显式声明变量。

[格式] Dim 变量名[As 数据类型关键字][,变量名[As 数据类型关键字],…]

说明：

①在过程内部用 Dim 语句声明的变量，只有在该过程执行时才存在。过程一结束，该变量的值就消失了，并释放所占用的存储空间。此外，过程中的变量值对过程来说是局部的，也就是说，无法在一个过程中访问另一个过程中的变量。根据这些特点，在不同过程中就可使用相同的变量名，而不必担心有何冲突。

②变量名是一个标识符，且在同一个范围内必须是唯一的。范围就是可以引用变量的程序操作域，如一个过程、一个窗体等。变量一经声明便自动取值为零或空。

③可选子句[As 数据类型关键字]，以便定义被声明变量的数据类型或对象类型。数据类型定义了变量存储数据的类型，例如 String、Integer、Currency 等。如果声明变量时没有指明数据类型，则该变量为变体型变量，其变量存储的数据类型取决于所赋的初值。也可以使用说明数据类型的尾标来说明变量的数据类型。例如：

Dim intX As integer, intY As integer, sngAllsum As single

等价于：

Dim intX%, intY%, sngAllsum!

④可以不在过程内部，而在窗体、标准模块或类模块的通用段（在代码窗口的起始部分，简称通用段）声明变量，这样声明的变量对模块中的所有过程有效，例如在窗体代码框的通用段声明一个变量，则该变量可引用的范围为整个窗体。

⑤定义字符串变量类型有两种方式：

Dim 变量名 As String   '定义变长字符串变量
Dim 变量名 As String*字符数   '定义定长字符串变量

例如：

Dim strS1 As String
Dim strS2 As String*50

在定长的字符串变量中，若字符数少于指定值，系统自动在右边补上空格，若字符数多于指定字符数，则多余部分被截除。上面已经谈到，只要操作系统为简体中文版，在 Visual Basic 中一个汉字与一个西文字符一样，都算作一个字符，并占用 1 个字节的存储空间。

（2）声明变量的其他方式。

除了用 Dim 声明变量外，还可以用 Public、Private 和 Static 声明变量，其格式与 Dim 相同：

Private|Public|Static 变量名[As 数据类型][,变量名[As 数据类型],…]

说明：

①用 Private 声明变量语句不能放在过程内部，只能放在某程序模块的通用段，这与放在程序模块通用段的 Dim 语句声明的变量相同，所声明的变量只对该模块内的过程有效，是模块的私有变量。

②用 Public 关键字声明变量的语句，也只能放在程序模块的通用段，这样声明的变量在整个应用程序中都有效，该变量称为程序的公用变量或全局变量。

③用 Static 关键字声明变量的语句只能放在过程内部，这样声明的变量称为局部静态变量。其特点是，只要程序还在运行，即使过程运行结束，变量的值都保留在分配的存储单元中。例如，为窗体编写一个 Click 事件过程：

```
Private Sub Form_Click()
    Static x As Integer
    x = x + 1
```

```
        Print "x=";x
End Sub
```

程序运行后，连续单击窗体，在窗体上显示的 x 值将不断增大，因为它是静态变量，在内存中分配有固定的存储单元，每次执行 Click 事件过程时，x 原来的值都还保持不变，作为本次执行 Click 事件过程的初值，不断加 1，所以不断增大。

（3）隐式声明。

Visual Basic 程序中可以使用未声明的变量，其类型为变体型。

（4）强制显式声明。

Visual Basic 中也可以规定，程序中使用的变量都必须先声明，只要遇到一个未经明确声明就当成变量的名字，Visual Basic 都发出错误警告。这就是变量的强制显式声明。

为了实现变量的强制显式声明，用两种方法进行设置：

①在类模块、窗体模块或标准模块的声明段（通用段）中加入语句：Option Explicit。

②执行菜单的"工具"→"选项"命令，在弹出的"选项"对话框中选择"编辑器"选项卡，选中"要求变量声明"复选框后单击"确定"按钮，如图 2-2 所示。这样就在任何新模块中自动插入了 Option Explicit 语句（如图 2-3 所示）。

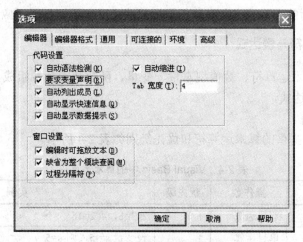

图 2-2　设置要求变量声明

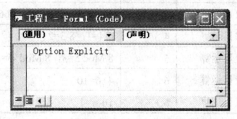

图 2-3　强制显示声明变量语句

注意：Option Explicit 语句的作用范围仅限于语句所在模块，所以，对每个需要 Visual Basic 强制显式变量声明的窗体模块、标准模块及类模块，必须将 Option Explicit 语句放在这些模块的声明段中。如果在"编辑器"选项卡下选中"要求变量声明"复选框，Visual Basic 会在后续的窗体模块、标准模块及类模块中自动插入 Option Explicit，但是不会将它加入到现有的代码中。必须在工程中手动将 Option Explicit 语句加到现有程序模块中。

2.3　运算符与表达式

程序中的表达式是用运算符把运算量连接起来的有意义的运算式，是数学中的运算式在程序中的合法书写形式。Visual Basic 中提供了丰富的运算符，并能组合成各种表达式，实现程序编制中所需要的大量操作。

根据 Visual Basic 提供的数据类型，运算符也包含算术运算符、字符串运算符、日期运算符、关系运算符和逻辑运算符，利用这些运算符就可以构成相应类型的表达式，完成各种类型数据的运算。

表达式的书写规则：

（1）将运算式中的运算量书写成 Visual Basic 中的常量、变量形式；

（2）将运算式中的运算符书写成 Visual Basic 中的运算符形式；

（3）将运算式中的函数全部写成 Visual Basic 中合法的函数形式；

（4）将运算式中的括号全部写成小括号（）形式；

（5）两个运算量之间必须用运算符分隔，两个运算符之间必须用括号分隔；

（6）书写完成后的表达式意义必须与原运算式意义相同，必要时应该加上括号。

2.3.1　算术运算符与表达式

算术表达式由算术运算符、数值型常量、变量、函数和圆括号组成，其运算结果为一个数值，也称为数值表达式。

（1）算术运算符。

Visual Basic 语言提供的算术运算符和优先级别如表 2-4 所示。

表 2-4　Visual Basic 中的算术运算符

运算符	名称	操作数	优先级	实例
^	乘方	双目运算	1	2^3=8，4^2=16
-	负号	单目运算	2	设变量 s=-5，则-s=5
*	乘法	双目运算	3	3*4=12，3*-4=-12（负号运算优先）
/	浮点除法	双目运算	3	6/4=1.5，8/3= 2.66666666666667
\	整数除法	双目运算	4	6\4=1，8\3=2
Mod	求余运算	双目运算	5	8 Mod 5=3，8 Mod -5=3，-8 Mod 5=-3
+	加法	双目运算	6	4+6=10
-	减法	双目运算	6	10-6=4

说明：

①注意，-当作为双目运算操作符时，做减法，作为单目运算操作符时，作为负号使用，且优先级较高，仅次于乘方^。

②这里有三个用除法完成其操作的运算符，其中：/可以用于各种数值类型的操作数，给出带小数部分的商；\和 Mod 用于整数除法，如果参加运算的操作数含有小数，则将它们四舍五入，使其成为整型数或长整型数，然后再进行除法运算，\给出商的整数部分，Mod 给出商

的余数部分。

③对于求余数运算符 Mod 要特别注意，当参加运算的两个操作数中有一个为负数或两个均为负数时，其余数符号可以根据除法的基本关系来确定，即：余数=被除数-商×除数。

例如：-8 Mod -5=(-8)-1×(-5)=-3。

例 2-2　将下面代数式书写成 Visual Basic 语言中的算术表达式形式。

$$\frac{1+x}{1-x} \rightarrow (1+x)/(1-x)$$

$$\sqrt{\frac{(3x+y)z}{(xy)^4}} \rightarrow (((3 * x + y) * z) / ((x * y) \char`\^ 4)) \char`\^ (1 / 2)，或书写成：$$

Sqr((3 * x + y) * z) / ((x * y) ^ 4)，Sqr()是 Visual Basic 的一个标准函数，功能为返回一个正数的平方根。

（2）不同数据类型的转换。

在同一个表达式中，如果参加运算的操作数具有不同的数据类型，则 Visual Basic 的运算结果的数据类型总是转换为精度较高的数据类型。参加算术运算均为数值型数据，各数据类型的精度关系为：

Integer < Long < Single < Double < Currency

即从左到右，表示数据的精度越来越高，Integer 的精度最低，Currency 的精度最高。

要注意，Long 与 Single 型数据运算时，返回 Double 型数据。例如，编写一个窗体 Load 事件过程如下：

```
Private Sub Form_Load()
    Show
    Dim a As Long, b As Single
    Print TypeName(a + b)
End Sub
```

运行程序，在窗体上显示：

Double

这里使用了 Visual Basic 的标准函数 TypeName()，参数为任何形式的表达式，返回该表达式的数据类型名。

2.3.2　字符串运算符与表达式

Visual Basic 中提供的字符型运算符有+和&，字符串表达式的运算结果是一个字符串。+和&运算符都表示连接，但存在区别：

+：若两个运算量均为字符串，则正常连接，否则就进行加法运算。例如：

"123" + "123"　　结果为"123123"

"123" + 123,　　结果为 246

"abc" + 123　　出错（类型不匹配）

&：操作数可以是字符串型，也可以是数值型，系统首先把操作数转换为字符型，然后连接两字符串。注意，若&前是一个变量，则&与变量名之间要加空格，否则系统认为这个&是变量的尾标（长整型）。例如：

"123" & "123"　　结果为"123123"

"123" & 123,　　　结果为"123123"

"abc" & 123   结果为"abc123"

例 2-3   使用字符串连接运算符。

创建一个工程，编写如下的事件过程。程序运行后，单击窗体，则显示如图 2-4 所示结果。

```
Private Sub Form_Click()
    s1 = "计算机" + "与程序设计"
    s2 = "门" + "程序设" & "计课程"
    x = 8
    s3 = x & s2
    Print s1
    Print s3
    Print 1 & 5 + 15
End Sub
Private Sub Form_Load()
form1.FontSize = 20
form1.Caption = "字符串连接练习"
End Sub
```

注意：算术运算的优先级高于字符串的连接运算。在上面程序中，最后一条语句 Print 1 & 5+15 的执行结果为 120，原因是：程序先完成的是加法运算 5+15，结果为 20，然后完成字符串的连接运算，把运算符&两边的数字都转换为字符串，连接在一起为 120。

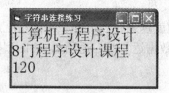

图 2-4   例 2-3 程序运行情况

2.3.3   日期运算符与表达式

日期表达式是用运算符（+或-）将算术表达式、日期型常量、日期型变量和函数连接起来的式子，实际编程中有以下三种情况：

（1）两个日期型数据相减，则运算结果为双精度（Double）型数据，表示两个日期之间的间隔天数。

（2）日期型数据加上一个表示天数的数值型数据，则运算结果为日期（Date）型数据，表示从某个日期开始经过多少天后的日期和时间。

（3）日期型数据减去一个表示天数的数值型数据，则运算结果为日期（Date）型数据，表示某个日期之前多少天的日期和时间。

例 2-4   日期运算。

创建一个工程，编写如下所示的事件过程，程序运行后，单击窗体，则显示如图 2-5 所示结果。请读者根据结果分析体会日期型数据的运算规则。

图 2-5   例 2-4 程序运行情况

```
Private Sub Form_Click()
    Dim s1 As Date, s2 As Date, x As Integer
    s1 = #1/22/2005#
    s2 = #12/25/2003#
    x = s1 - s2
    Print s1; " - "; s2; "="; x
    Print s1; " + "; x; "="; s1 + x
    Print s1; " - "; x; "="; s1 - x
End Sub
Private Sub Form_Load()
form1.FontSize = 10
form1.Caption = "日期型数据运算练习"
End Sub
```

2.4　常用内部函数

由于 Visual Basic 未提供三角函数、对数等常用运算的运算符，要实现这些功能就只有通过书写程序实现。为了给广大用户提供方便，Visual Basic 系统提供了许多常用运算的程序，供广大用户使用。这些具有独立功能的小程序叫函数，在程序中只要书写函数名和相应的参数就可以使用它们，称为调用函数，调用函数的一般格式为：

函数名(参数 1,参数 2,……)

其中，参数也称为自变量，若有多个参数，则以逗号分隔。函数调用后，一般都有一个确定的返回值，所以函数的调用常作为一个表达式在程序中使用。根据返回值的类型，函数也分数值型、字符型等。

Visual Basic 语言中的函数可分为内部函数（系统函数或标准函数）和用户自定义函数两大类。内部函数是 Visual Basic 语言系统中包含的现成的有独立功能的程序段，供所有编程者使用，用户自定义函数则是程序设计者自己编写的具有独立功能的程序段。

本节将介绍程序设计中常用的内部函数，关于 Visual Basic 语言中更多的内部函数，读者可以查阅相关的书籍和资料。

2.4.1　算术运算函数

Visual Basic 语言中提供的常用算术运算函数如表 2-5 所示。

表 2-5　常用算术运算函数

函数名	返回值类型	功能	举例	返回值
Abs(N)	同 N 的类型	求 N 的绝对值	Abs(-4.8)	4.8
Sgn(N)	Integer	N 为正、零、负分别 返回 1、0、-1	Sng(4) Sng(0) Sng(-4)	1 0 -1
Sqr(N)	Double	求 N 的算术平方根，N>=0	Sqr(16)	4
Exp(N)	Double	求自然常数 e 的 N 次幂	Exp(2)	7.3890……
Log(N)	Double	求 N 的自然对数值，N>0	Log(2)	0.6931……
Sin(N)	Double	求 N 的正弦值	Sin(45*3.14/180)	0.7068……

函数名	返回值类型	功能	举例	返回值
Cos(N)	Double	求 N 的余弦值	Cos(45*3.14/180)	0.7073……
Tan(N)	Double	求 N 的正切值	Tan(45*3.14/180)	0 .9992……
Atn(N)	Double	求 N 的反正切值	Atn(1)	0.78539……
Int(N)	Integer	求不大于 N 的最大整数	Int(4.8) Int(-4.8)	4 -5
Fix(N)	Integer	求 N 的整数部分	Fix(4.8) Fix(-4.8)	4 -4
Round(n,m)	Double	保留 n 的小数后 m 位	Round(-3.84756, 2) Round(3.84756, 2)	-3.85 3.85
Rnd[(N)]	Single	求[0,1)之间的一个随机数，N 作为产生随机数的种子	Rnd Rnd(-1) Rnd(0) Rnd(1)	序列中下一随机数 得相同的随机数 最近生成的随机数 序列中下一随机数

说明：

①表中的 N 表示是数值表达式。

②三角函数参数的单位只能是弧度，如果在程序中要求计算 Sin45°，则应把角度 45°转换为弧度，书写成 Sin(45*3.14159/180)才是正确的。

③函数 Int()返回不大于 N 的最大整数，因此，当 N≥0 时就直接舍去小数部分，当 N<0 时则舍去小数部分后再减 1。利用 Int 函数也可以对数据进行四舍五入处理。例如 x=-0.4587269，保留小数后 2 位，第 3 位四舍五入，则可以用表达式-Int(Abs(x) * 100 + 0.5) / 100 完成操作。

④随机函数 Rnd[(N)]中 N 的值决定了 Rnd 生成随机数的方式：

N<0　每一次都使用 N 作为随机数种子得到相同的结果

N>0　以上一随机数作为随机数种子得到序列中的下一随机数

N=0　得到最近用 Rnd 生成的随机数

⑤为了利用 Rnd()函数生成[k1,k2]的随机正整数，可使用公式 Int(Rnd*(k2-k1) +k1) 得到。例如：产生一个 2 位随机整数 x，即：10≤x<100，可利用下面不等式变换获得

因为：0≤Rnd<1

有：0≤Rnd*90<90

再有：10≤Rnd*90+10<100

取整后则：10≤int(Rnd*90+10)≤99

所以，产生 2 位随机整数的公式为 int(Rnd*(100-10)+10)。

⑥当反复运行一个程序时，同一序列的随机数会重复出现。为了避免这种情况的发生，在调用 Rnd 函数之前，先使用 Randomize 语句初始化随机数生成器，该生成器能够利用系统计时器得到随机数种子，从而产生不同的随机数序列。用 Randomize 语句初始化随机数生成器的格式如下：

Randomize[number]

其中 number 参数是 Variant 或任何有效的数值表达式。

Randomize 用 number 将 Rnd 函数的随机数生成器初始化，使随机数生成器得到一个新的

种子 number。如果省略 number，则用系统计时器返回的值作为新的种子值。

例 2-5　利用随机函数产生 2 个两位正整数，求这 2 个数之和并在窗体上显示出来。编写窗体的单击事件过程：

```
Private Sub Form_Click()
    Dim a As Integer, b As Integer
    Randomize
    a = Int((100 - 10) * Rnd + 10)
    b = Int((100 - 10) * Rnd + 10)
    Print a; " +"; b; "="; a + b
End Sub
```

运行程序后，可多次单击窗体，运算情况如图 2-6 所示。

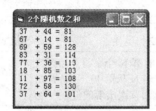

图 2-6　例 2-5 程序运行情况

2.4.2　字符串运算函数

Visual Basic 提供大量的字符串处理函数，极大地方便了程序中对字符串数据的操作，有效地提高了程序编写的效率。常用的字符串处理函数如表 2-6 所示。

表 2-6　字符串处理函数

函数名	返回值类型	功能	举例	返回值
Asc(C)	Integer	求字符串 C 中首字母的 ASCII 码	Asc("ABC")	65
Chr(N)	String	求以数值 N 为 ASCII 码的字符	Chr(65)	"A"
Str(N)	String	将数值 N 转换为数字字符串	Str(-12345)	"-12345"
Val(C)	Double	将数字字符串 C 转换为数值	Val ("1234abc56")	1234
			Val ("abc56")	0
Len(C)	Long	求字符串 C 的字符数	Len("Abab 字符串")	7
LenB(C)	Long	求字符串 C 占用的字节数	LenB("Abab 字符串")	14
Ucase(C)	String	将小写字母转换为大写字母	UCase ("abcABC")	"ABCABC"
Lcase(C)	String	将大写字母转换为小写字母	Lcase("abcABC")	"abcabc"
Space(N)	String	产生 N 个空格	Len(Space(6))	6
String(N,C)	String	产生 N 个由 C 中首字符组成的字符串，C 可以是 ASCII 码	String(6, "ABC") String(6,65)	"AAAAAA" "AAAAAA"
Left(C,N)	String	取 C 左边 N 个字符	Left("ABCDEF",3)	"ABC"
Right(C,N)	String	取 C 右为 N 个字符	Right("ABCDEF",3)	"DEF"
Mid(C,N1[,N2])	String	从 C 的第 N1 开始取 N2 个字符	Mid("ABCDEF",2,3)	"BCD"

函数名	返回值类型	功能	举例	返回值
Replace(C,C1,C2[,N1][,N2])	在 C 中从 N1 开始用 C2 替代 C 中的 C1（若有 N2，替代 N2 次）	Replace("ABCDEFCD", "CD", "123")		"AB123EF123"
Ltrim(C)	String	去掉 C 左边的空格	Ltrim(" ABCD ")	"ABCD "
Rtrim(C)	String	去掉 C 右边的空格	Rtrim(" ABCD ")	" ABCD"
Trim(C)	String	去掉 C 左、右两边的空格	Trim(" ABCD ")	"ABCD"
StrComp(C1,C2)	Integer	C1＜C2 -1	StrComp("ABC", "abc")	-1
		C1＝C2 0	StrComp("ABC", "ABC")	0
		C1＞C2 1	StrComp("abc", "ABC")	1
InStr([N,]C1,C2)	Integer	从 C1 的第 N 个字符开始查找 C2，省略 N 从第 1 个字符开始找，返回首次出现的位置	InStr(3,"CDABCDEFCDG", "CD")	5
InStrRev(C1,C2[,N])	Integer	同 InStr，仅是从串尾部向头部查找	InStrRev("CDABCDEFCDG", "CD", 8)	5
StrReverse(C)	String	将 C 反序输出	StrReverse("ABCDEF")	"FEDCBA"
Join(A[,D])*	String	将字符串数组 A 各元素按 D 分隔符连接成字符串		"123:ab:c"
Split(C[,D]*[,N][,M]	数组	将 C 按分隔符分成字符串数组中的各个元素	a = Split("123,ab,c", ",")	A(0)="123" A(1)= "ab" A(2)= "c"

说明：

①表 2-6 中的 C 表示字符串表达式，表中的 N、N1、N2 表示数值表达式。

②函数 Val()将数字字符串转换为数值型数据，会自动将字符串中的空格去掉，并依据字符串中排列在前面的数值常量来定值，例如：

Val("A12")的值为 0

Val(" 12 3A12")的值为 123

Val("1.2e2")的值为 120

③与 Mid()函数同名的还有一个 Mid 语句，其格式为：Mid(C1,N1[,N2])=C2，功能用字符串 C2 从左边开始的 N2 个字符，替换字符串 C1 中从第 N1 个字符开始的 N2 个字符，如果没有 N2，则用 C2 的全部字符参预替换。例如：

s = "12345678"

Mid(s, 4, 3) = "abcdef"

结果 s 的值为"123abc78"；如果没有 3，则 s 的值为"123abcde"。

例 2-6 使用字符串操作函数。将含有一个空格的字符串从空格处拆分开，并在窗体上输出。程序运行后，窗体上显示数据如图 2-7 所示。编写窗体的 Click 事件过程如下：

```
Private Sub Form_Click()
    Dim a As String, b As String, c As String, n As Integer
    a = "Visual Basic"
```

```
        n = InStr(a, " ")          '查找空格位置
        b = Left(a, n - 1)         '取空格左边部分
        c = Mid(a, n + 1)          '取空格右边部分
        Print b
        Print c
End Sub
```

图 2-7　拆分字符串

2.4.3　日期与时间函数

日期与时间函数用于进行日期和时间处理。表 2-7 列出了常用的日期和时间函数。

表 2-7　日期和时间函数

函数名	返回值类型	功能	举例	返回值
Date	Date	返回系统日期	Date	2005-2-28
Time	Date	返回系统时间	Time	15:51:51
Now	Date	返回系统日期和时间	Now	2005-2-28 15:52:43
Year(D)	Integer	返回 D 的年份	Year(Date)	2005
Month(D)	Integer	返回 D 的月份	Month(Date)	2
Day(D)	Integer	返回 D 的日数	Day(Date)	28
WeekDay(D)	Integer	返回 D 是星期几	WeekDay(Date)	2（即星期一）
Hour(T)	Integer	返回 T 的小时数	Hour(Time)	15
Minute(T)	Integer	返回 T 的分钟数	Minute(Time)	52
Second(T)	Integer	返回 T 的秒数	Second(Time)	43

说明：

①表 2-7 中的日期参数 D 是任何能够表示为日期的日期型表达式、数值型表达式、字符串表达式或它们的组合。时间参数 T 是任何能够表示为时间的数值型表达式、字符串表达式或它们的组合。

②函数 Weekday()返回值为 1～7，依次表示星期日到星期六。

例 2-7　使用日期和时间函数。

如下程序运行后，在窗体显示如图 2-8 所示结果。

```
Private Sub Form_Click()
    Print Date
    Print Time
    Print Now
    Print Year(Date); Month(Date); Day(Date); Weekday(Date)
    Print Hour(Time); Minute(Time); Second(Time)
End Sub
```

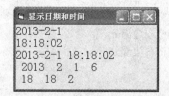

图 2-8　例 2-7 程序运行情况

2.4.4　类型转换函数

如果在 Visual Basic 表达式中出现了不同类型数据，则可能需要进行数据类型转换，一些数据类型可以自动转换，例如数字字符串可以自动转换为数值型。但是，多数类型的数据不能自动转换，这就需要使用类型转换函数实现数据类型转换。表 2-8 列出了常用的数据类型转换函数。

表 2-8　数据类型转换函数

函数名	返回值类型	功能	举例	返回值
CBool(x)	Boolen	把 x 转换为逻辑型数据	CBool(31)	True
CByte(x)	Byte	把 x 转换为字节型数据	CByte(31.56)	32
CInt(x)	Integer	把 x 转换整型数，小数部分四舍五入	CInt(1234.57)	12345
CLng(x)	Long	把 x 转换长整型数，小数部分四舍五入	CLng(325.3)	325
CSng(x)	Single	把 x 舍入为单精度数	CSng(56.5421117)	56.54211
CDbl(x)	Double	把 x 转换为双精度数	CDbl(1234.5678)	1234.5678
CCur(x)	Currency	把 x 转换为货币型数，最多保留 4 位小数	CCur(876.43216)	867.4322
CVar(x)	Variant	把 x 转换为变体型数	CVar(99 & "00")	"9900"
CDate(x)	Date	把 x 转换为日期型数据	CDate(30.5)	1900-1-29 12:00:00
CStr(x)	String	把 x 转换为字符串型数据	CDate(-30.25)	1899-11-30 6:00:00
Hex(x)	String	把十进制数 x 转换为十六进制数字串	Hex(31)	"1F"
Oct(x)	String	把十进制数 x 转换为八进制数字串	Oct(20)	"24"

说明：

①数据类型转换函数的参数 x 可以是任何类型的表达式，究竟是哪种类型的表达式，需要根据具体函数而定。如果转换之后的函数值超过其数据类型能表示的范围，将发生错误。

②当参数为数值型，且其小数部分恰好为 0.5 时，Cint()和 CLng()函数会将它转换为最接近的偶数。例如：CInt(0.5)的函数值为 0，CInt(1.5)的函数值为 2。

③当将一个数值型数据转换为日期型数据时，其整数部分转换为日期，小数部分将转换为时间。其整数部分数值表示相对于 1899 年 12 月 30 日前后的天数，负数是 1899 年 12 月 30 日以前的天数，正数是 1899 年 12 月 30 日以后的天数。例如：CDate(30.5)的函数值为 1900-1-29

12:00:00，CDate(-30.25)的函数值为 1899-11-30 6:00:00。

④在本章我们已经用过 Visual Basic 中的一个数据类型的测试函数 TypeName，用它可以测得参数的数据类型，其使用格式为：TypeName(参数)，返回一个字符串，即参数的数据类型名字。

例 2-8　使用数据类型转换函数。运行程序后单击窗体，则窗体上输出数据的情况如图 2-9 所示。

```
Private Sub Form_Click()
    x = "123"
    y = 123
    Print " x 的类型为： "; TypeName(x)
    Print " y 的类型为： "; TypeName(y)
    a = Chr(Asc(x) + 5)
    b = Str(Val(x) + 5)
    c = Val(Str(y) + "5")
    Print " a="; a; " 类型为： "; TypeName(a)
    Print " b="; b; " 类型为： "; TypeName(b)
    Print " c="; c; " 类型为： "; TypeName(c)
End Sub
```

图 2-9　例 2-8 程序运行情况

2.4.5　格式输出函数

使用格式输出函数 Format() 可以使数值、日期或字符串型数据按指定的格式输出。Format 函数的语法格式为：Format(表达式，格式字符串)。

说明：

①表达式可以是数值型、日期型或字符串型表达式，即准备输出的内容。

②格式字符串是一个字符串常量或变量，由专门的格式说明符（格式化符号）组成。Format 函数根据格式字符串的内容来决定数据项（表达式）的显示格式和长度（占用的字符数）。

③当格式字符串是字符串常量时，必须放在双引号中。

④格式输出函数 Format() 返回一个 String 类型的值。

（1）数值数据的格式字符串。

常用的数值格式化字符串如表 2-9 所示。

表 2-9　常用数值格式化符号

符号	作用	数值表达式	格式化字符串	显示结果
0	实际数字小于格式符号位数时，数字前后加 0	1234.567 1234.567	"00000.0000" "000.0"	01234.5670 1234.6

续表

符号	作用	数值表达式	格式化字符串	显示结果
#	实际数字小于格式符号位数时，数字前后不加 0	1234.567	"#####.####"	1234.567
		1234.567	"###.#"	1234.6
.	加小数点	12345	"00000.00"	12345.00
,	千分位	1234.567	"##,##0.00"	1,234.5670
%	数值乘以 100，加百分号	1234.567	"####.##%"	123456.7%
$	在数字前强加$	1234.567	"$###.##"	$1234.57
+	在数字前强加+	-124.567	"+###.##"	+-124.57
-	在数字前强加-	1234.567	"-###.##"	-1234.57
E+	用指数表示	.1234	"0.00E+00"	1.23E-01
E-	用指数表示	1234.567	"0.00E-00"	1.23E03

例 2-9　运行程序后，单击窗体则输出如图 2-10 所示结果。观察结果是否与预期相同？如不同请找出原因。

```
Private Sub Form_Click()
    Dim n1 As Single
    n1 = 1234.567
    Print " "; Format(n1, "00000.00000")
    Print " "; Format(n1, "00.00")
    Print " "; Format(n1, "#####.#####")
    Print " "; Format(n1, "##.##")
    Print " "; Format(n1, "##,##0.00000")
    Print " "; Format(n1, "####.##%")
    Print " "; Format(n1, "$###.##")
    Print " "; Format(n1, "+#####.##")
    Print " "; Format(n1, "-#####.##")
    Print " "; Format(n1, "0.00E+00")
    Print " "; Format(n1, "0.00E-00")
End Sub
```

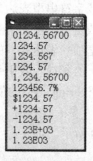

图 2-10　例 2-9 程序运行情况

注意：对于符号 0 和#，若要显示的数值表达式的整数部分位数多于格式字符串的位数，按实际数值显示，若小数部分的位数多于格式字符串的位数，按四舍五入显示。

（2）日期和时间数据的格式字符串。

常用的日期和时间格式化符号如表 2-10 所示。

表 2-10 常用日期和时间格式化符号

符号	作用	符号	作用
d	显示日期（1~31），个位前不加 0	yy	显示两位年份（00~99）
dd	显示日期（01~31），个位前加 0	yyyy	显示四位年份（0100~9999）
ddd	显示星期缩写（Sun~Sat）	q	显示季度数（1~4）
dddd	显示星期全名（Sunday~Saturday）	h	显示小时（0~23），个位前不加 0
ddddd	显示完整日期：日、月、年（mm/dd/yy）	hh	显示小时（00~23），个位前加 0
w	星期为数字（1~7，1 是星期日）	m	在 h 后显示分（0~59），个位前不加 0
ww	一年中的星期数（1~53）	mm	在 h 后显示分（00~59），个位前加 0
m	显示月份（1~12），个位前不加 0	s	显示秒（0~59），个位前不加 0
mm	显示月份（1~12），个位前加 0	ss	显示秒（00~59），个位前加 0
mmm	显示月份缩写（Jan~Dec）	ttttt	显示完整的时间：时、分、秒（hh:mm:ss）
mmmm	显示月份全名（January~December）	AM/PM	显示 12 小时时钟，午前 AM 午后 PM
y	显示一年中的天数（1~366）	A/P	显示 12 小时时钟，午前 A 午后 P

注意：

①时间分钟的格式说明符 m、mm 与月份的格式说明符相同，区分的方法是：跟在 h、hh 后的是分钟，否则为月份。

②非格式说明符-、/、:等原样显示。

例 2-10 运行下面程序后，窗体上输出日期和时间数据情况如图 2-11 所示。观察结果是否与预期相同？如不同请找出原因。

```
Private Sub Form_Activate()
    Dim MyTime As Date, MyDate As Date
    FontSize = 12
    Print Format(Now, "yyyy 年 mm 月 dd 日 hh 点 mm 分 ss 秒")
    Print Format(Now, "yy 年 m 月 d 日 h 点 mm 分 ss 秒")
    Print Format(Now, "ddddd,dddd,mmmm,dd,yyyy h:mm")
    Print Format(Date, "ddddd,ddd,mmm,dd,yyyy")
    MyTime = #5:06:08 AM#
    MyDate = #4/25/2005#
    Print Format(MyDate, "mm/dd/yyyy")
    Print Format(MyDate, "m-d-yy")
    Print Format(MyDate, "mmmm/dddd/yyyy")
    Print Format(MyDate, "ddddd")
    Print Format(MyTime, "h-m-sAM/PM")
    Print Format(MyTime, "hh:mm:ssA/P")
    Print Format(MyTime, "h 点 m 分 s 秒 AM/PM")
    Print Format(MyTime, "hh 点 mm 分 ss 秒 AM/PM")
End Sub
```

图 2-11   例 2-10 程序运行情况

（3）字符串数据的格式字符串。

常用的字符串格式化符号如表 2-11 所示。

表 2-11   常用字符串格式化符号

符号	作用	字符串表达式	格式化字符串	显示结果
<	强迫字母以小写显示	"Hello"	"<@@@@@"	"hello"
>	强迫字母以大写显示	"Hello"	">@@@@@"	"HELLO"
@	实际字符位数小于符号位数，字符前加空格	"Hello"	"@@@@@@@@"	" Hello"
&	实际字符位数大于符号位数，字符前不加空格	"Hello"	"&&&&&&&&"	"Hello"
!	与@配合使用，空格加在字符后	"Hello"	"!@@@@@@@@"	"Hello "

2.5   编码规则

Visual Basic 与其他程序设计语言一样，有严格的编程规定，编程人员只有遵循 Visual Basic 的编程规定，编写的程序才能被 Visual Basic 正确地识别和执行。

2.5.1   语句及语法

程序语句是 Visual Basic 关键字、对象属性、函数、运算符以及其他 Visual Basic 编译解释器能识别的符号的有序组合，一般占用一行。编写程序语句时所必须遵循的格式规则称为语法。

为了便于说明，本书中对语句、方法及函数的语法格式中的符号将采用统一约定，专用符号如下：

（1）<>是必选参数表示符，尖括号中的中文是提示说明，使用者必须根据提示说明和所要解决的问题的需要提供具体的参数。如果缺少必选参数，语句则发生语法错误。有时为了使语法格式看上去更简洁些，一些必选参数直接写出，而不在<>中。

（2）[]是可选参数表示符，方括号中的内容由使用者根据提示说明和问题的需要决定提供或不提供该参数，如省略，则取系统缺省值，不影响语句本身的功能。

（3）|是多取一表示符，竖线分隔多个选择项，必须选择其中之一。

（4）{}为多中取一定界符，花括号中包含有多个选择项，选择其中的一项。

（5）,…为同类项目重复出现符。

（6）…为省略符，表示省略叙述中不涉及的部分。

注意：这些专用符号和其中的提示，不是语句行或函数的组成部分。在输入具体命令或函数时，上面的符号均不可作为语句中的成分输入程序代码，它们只是语句、函数格式的书面表达式的符号。例如：

[<对象表达式.>] Print [<表达式表>]{,|;}

2.5.2　代码书写规则

在编写 Visual Basic 程序代码时，要遵守以下规则：

（1）一行写多条语句必须用冒号分隔。通常一条语句占一行，如果要在一行书写多条语句，则各条语句之间必须用冒号作为分隔符，例如：tmp=a:a=b:b=tmp。Visual Basic 规定，一个程序行的长度最多不能超过 1023 个字符。

（2）一条长语句可以用续行符（一个空格后面跟一个下划线 "_"）写成多行。有时一条语句很长，一行写不下，可以用续行符将长语句分成多行写入代码中。例如：

```
Print Format(MyTime, "h 点 m 分 s 秒 AM/PM"); _
    Format(MyTime, "hh 点 mm 分 ss 秒 AM/PM")
```

但是要注意，续行符后面不能加注释，也不能将 Visual Basic 关键字或字符串分隔在两行。

（3）不区分大小写字母。Visual Basic 不区分应用程序代码中字母的大小写，用户可以随意使用大小写字母编写代码。为了方便阅读，Visual Basic 会自动将代码中关键字的首字母转换为大写，其余字母转换为小写。对于用户自己定义的标识符，如变量名、函数名等，其中各字母的大、小写，取决于用户定义或第一次使用时各字母是小写或大写，以后不论是用小写字母或大写字母书写，Visual Basic 系统均会自动把它们转换为与定义或第一次使用时的情况相同，以方便用户识别。

（4）各关键字之间，关键字与变量名、常量名、过程名之间一定要有空格分隔。

（5）严格按照 Visual Basic 规定的格式和符号编写程序代码，除注释外，语句中的标点符号不能使用中文的标点符号，必须使用英文的标点符号。

另外，在编写代码时，最好使用缩进格式来反映代码的逻辑结构和嵌套关系，以便阅读。例如：

```
Private Sub Command1_Click()
    Dim x As Integer
    x = Val(Text1.Text)
    If x < 0 Then
        Print "x<0"          '条件满足时执行的操作
    Else
        Print "x>0"          '条件不满足时执行的操作
    End If
End Sub
```

习题 2

一、单选题

1. 下列①各项中，只有（　　）才是常量；②各项中，（　　）不是常量。

① A. E-3 　　　　B. E+03 　　　　C. 10^3 　　　　D. 1.E03

② A. 1E-3 　　　　B. 13 　　　　C. "abc" 　　　　D. Xl*3

2. 下列①各项中，可以作为变量名的是（　　）；②各项中，（　　）不能作为变量名。

① A. a1_0 　　　　B. Dim 　　　　C. K6/600 　　　　D. CD[1]

② A. ABCabc 　　B. A12345 　　　C. 18AB 　　　　D. Namel

3. 空字符串是指（　　）。

A. 长度为 0 的字符串 　　　　　　　B. 只包含空格字符的字符串

C. 长度为 1 的字符串 　　　　　　　D. 不定长的字符串

4. 使用变量 x 存放数据 12345678.987654，应该将 x 声明为（　　）类型。

A. 单精度（Single） 　　　　　　　B. 双精度（Double）

C. 长整型（Long） 　　　　　　　　D. 货币型（Currency）

5. 表达式 3^2*12-4^(2/4)的值为（　　）。

A. 104 　　　　B. 106 　　　　C. 108 　　　　D. 出错

6. 函数表达式 String(2, "ChongQing")的返回值是（　　）

A. CQ 　　　B. ChongQing 　　C. CC 　　　　D. ChongQingChongQing

7. 表达式 Int(-20.9) + Int(20.9 + 0.5) - Fix(-17.9)的值为（　　）。

A. -17 　　　　B. 16 　　　　C. 17 　　　　D. 18

8. 设 a=3，b=2，c=-3，则表达式 Abs(b + c) + a * Int(Rnd + 3) + Asc(Chr(65 + a))的值是
（　　）。

A. 10 　　　B. 68 　　　C. 69 　　　D. 78

9. 设 m="morning"，取值为"mor"的表达式是（　　）。

A. Mid(m,5,3) 　B. Left(m,3) 　C. Right(m,4,3) 　D. Mid(m,3,1)

10. 表达式 Sin(a + b) ^ 6 所表示的代数式是（　　）。

A. $\sin(a+b)^6$ 　B. $\sin^6(a+b)$ 　C. sin6(a+b) 　D. 6sin(a+b)

11. 如果 x 是一个正实数，对 x 的第 3 位小数四舍五入的表达式是（　　）。

A. 0.01 * Int(100 * x + 0.5) 　　　B. 0.01 * Int(10 * x + 0.5)

C. 0.01 * Int(x + 0.5) 　　　　　　D. 0.01 * Int(x + 5)

12. 能够从字符串 A="Visual　Basic" 中取出子串"Basic"的函数表达式是（　　）

A. Left(A,5) 　B. Right(A,5) 　C. Mid(A,7,5) 　D. Instr(A,"Basic")

13. 设 A="12345678"，则表达式 Val(Left(A,4)+Mid(A,4,2))的值是（　　）。

A. 123456 　　　B. 123445 　　　C. 8 　　　　D. 6

14. 要使 Int(x+2)=16 成立，x 应取（　　）。

A. 14≤x<15 　B. 14<x≤15 　C. 14<x<15 　　D. 14≤x≤15

15. 在下列函数中，（　　）函数的执行结果与其他三个不一样。

A. String(3,"5") 　　　　　　　B. Str(555)

C. Right("5555",3) 　　　　　　D. Left("55555",3)

16. 设 A=-2，则（　　）函数的执行结果与其他三个不一样。

A. Val("A") 　　B. Int(A) 　　C. Fix(A) 　　　D. -Abs(A)

17. 要在窗体 Forml 的标题栏上显示"统计程序"，可用的语句是（　　）。

A. Forml.Name="统计程序" 　　　B. Form1.Caption="统计程序"

C．Forml.Caption=统计程序　　　D．Forml.Name=统计程序

18．函数 String(n, "str")的功能是（　　）。

A．把数值型数据转换为字符串

B．返回由 n 个字符组成的字符串

C．从字符串中取出 n 个字符

D．从字符串中第 n 个字符的位置开始取子字符串

19．设 x=1，以下函数返回值最大的是（　　）。

A．Sin(x)　　　B．Exp(x)　　　C．Sqr(x)　　　D．Log(x)

20．将代数式 $\cos^2(c+d)$ 写成 VB 表达式的正确形式是（　　）。

A．Cos^2(c+d)　B．Cos(c+d)^2　C．Cos((c+d) ^2)　D．Cos(c^2+d^2)

21．函数表达式 Val("16 Hour")的值为（　　）。

A．1　　　　　B．16　　　　　C．160　　　　　D．960

22．在 VB 中，可以使用未经声明的变量，在未赋值前，该变量的数据类型为（　　）。

A．Integer　　B．Long　　　C．String　　　D．Variant

23．在 VB 中，对于没有赋值的数值变量，系统默认的值是（　　）。

A．0　　　　　B．1　　　　　C．"0"　　　　　D．-1

24．在 VB 中，对于没有赋值的字符串变量，系统默认的值是（　　）。

A．0　　　　　　　　　　B．""（长度为 0）

C．"0"　　　　　　　　　D．""（空格,长度为 1）

25．下列表达式中数值最大的是（　　）。

A．10 / 3　　　B．10 \ 3　　　C．Int(10/3)　　　D．Fix(10/3)

26．要声明一个长度为 64 个字符的定长字符串变量 String1，以下正确的语句是（　　）

A．Dim String1 As String　　　B．Dim String1 As String(64)

C．Dim String1 As String[64]　　D．Dim String1 As String*64

二、多项选择题（要求在五个备选答案中选择多个正确答案）

1．能够产生一个三位随机正整数的函数表达式是（　　）。

A．Int(Rnd * 900 + 100)　　B．Int(Rnd * 900) + 100　　C．Int(Rnd * 1000)

D．Int(Rnd * 1100 - 100)　　E．Int(Rnd * 1100) - 100

2．能产生一个大于等于 1 且小于等于 10 的随机整数的表达式有（　　）。

A．Int(Rnd * 10 + 1)　　　B．Int((10-1)*Rnd)

C．1+Int((10-1)*Rnd+1)　　D．1+Int(10*Rnd)

E．Int((10+1)*Rnd+1)

3．下列表达式中具有相同结果的是（　　）。

A．19 Mod 5　　　　B．19 / 5　　　　C．19 \ 5

D．Round(19 / 5)　　E．Sqr(19 \ 5)

4．在下列标识符中，可以作为合法变量名的有（　　）。

A．Michael　Jordan　　B．Su-30　　　　C．Beckham

D．class_01　　　E．B52

5．以下函数表达式中，返回值为数值类型的有（　　）。

A．Year(Now)　　　　　B．Month(Now)　　　C．Day(Now)

D．Weekday(Now)　　　　E．Hour(Now)

6．已知字符串变量 S1 的值为一个小写字母，以下表达式能将小写字母变成大写字母的有（　　）。

A．Chr(Asc(S1) + Asc("A") - Asc("a"))

B．Chr(Asc(S1) - 32)　　　C．LCase(S1)

D．UCase(S1)　　　　　　E．Val(S1)

7．已知字符串变量 A= "computer data transmit"，能得到子字符串 "data" 的表达式有（　　）。

A．Mid(A, 10, 4)　　　　B．Mid(Left(A, 13), 4)　C．Left(Mid(A, 10), 4)

D．Left(Right(A, 13), 4)　　E．Right(Left(A, 13), 4)

8．下列函数表达式中，返回值相等的是（　　）。

A．Abs(15.6256)　　　　B．Fix(15.625)　　　C．Int(15.625)

D．Round(15.625)　　　　E．Sqr(15.625)

9．已知 a>b，c>d，下列表达式中值为 0 的有（　　）。

A．Sgn(b-a)+Sgn(c-d)　　B．Sgn(a-b)-Sgn(d-c)　C．Sgn(b-a)-Sgn(d-c)

D．Sgn(a-b)+Sgn(c-d)　　E．Sgn(b-a)+Sgn(c-d)

10．设变量 x 的值是一个小数，下列函数表达式能将其四舍五入处理的是（　　）。

A．Int(x)　　　　　　　B．Int(x + 0.5)　　　C．Fix(x)

D．Fix(x + 0.5)　　　　　E．Round(x)

11．下列 VB 函数表达式中，返回值为数值型数据的有（　　）。

A．Len("BASIC")　　　　B．Str(-26.3)　　　C．Left("1234",2)

D．Val("16 Year")　　　　E．Val(Mid("34565",2,2))

12．为了求一个正整数 n 除以 8 所得的余数，可以采用的表达式是（　　）。

A．n Mod 8　　　　　　B．n - Int(n / 8)　　　C．n \ 8

D．n - Int(n / 8)*8　　　E．n - Iht(n \ 8)

13．能从字符串 A = "THIS IS BOOK" 中得到子字符串 "IS" 的函数有（　　）。

A．Right (Left (A,7) ,2)　　B．Mid (A,6,2)　　C．Mid (A,6)

D．Left(Right (A,7),2)　　E．Mid(Left (A,7),6)

14．从字符串变量 S 中取出最后（右边）2 个字符，可以采用的函数是（　　）。

A．Instr(1,S,2)　　　　B．Mid(S,Len(S)-1)　　C．Mid(S,2,2)

D．Right(S,2)　　　　　E．Right(S,Len(S)-2)

15．已知 A=Space(1)，要产生 3 个空格，可以采用的函数是（　　）。

A．Right(A,3)　　　　　B．Space(3 * A)　　　C．String(3,A)

D．A & A & A　　　　　E．3 * A

三、填空题

1．把下列数学式写成等价的 Visual Basic 表达式。

（1）sin50°写成＿＿＿＿＿＿＿＿＿＿。

（2）$\dfrac{2+xy}{2-y^2}$ 写成＿＿＿＿＿＿＿＿＿＿＿＿＿。

（3）$a^2 - \dfrac{3ab}{3+a}$ 写成＿＿＿＿＿＿＿＿＿＿＿＿＿。

（4）$\sqrt[8]{x^3} + \sqrt{y^2 + 4\dfrac{a^2}{x+y^3}}$ 写成＿＿＿＿＿＿＿＿＿＿＿＿＿。

2．要产生 50～55 范围内（含 50 及 55）的随机整数，采用的 Visual Basic 表达式是＿＿＿＿＿＿。

3．写出下列表达式的值。

（1）Val("15 3")-Val("15-1a3")的值是＿＿＿＿＿＿。

（2）7 Mod 3 + 8 Mod 5 * 1.2-Int(Rnd)的值是＿＿＿＿＿＿。

（3）Val("120")+Asc("abc")-Instr("JKLHG"，"LH")的值是＿＿＿＿＿＿。

（4）Mid("China",3,2)+Lcase("China")的值是＿＿＿＿＿＿。

（5）Len(Chr(70)+Str(0))+Asc(Chr(67))的值是＿＿＿＿＿＿。

（6）Mid(Trim(Str(345)),2)的值是＿＿＿＿＿＿。

（7）Year(Now)-Year(Date)的值是＿＿＿＿＿＿。

实验 2

一、实验目的

（1）掌握 Visual Basic 的数据类型和变量定义方法。

（2）正确使用 Visual Basic 的运算符和表达式。

（3）掌握 Visual Basic 常用函数的使用方法。

（4）学会用赋值语句构造简单的顺序结构程序。

二、实验内容

实例 1　写程序验证下面各表达式的运行结果。

（1）建立一个工程，在代码窗口中书写窗体的单击事件过程如图 2-12 所示。

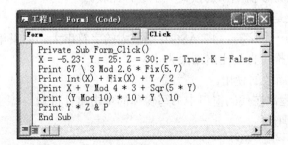

```
工程1 - Form1 (Code)
Form                    Click

Private Sub Form_Click()
X = -5.23: Y = 25: Z = 30: P = True: K = False
Print 67 \ 3 Mod 2.6 * Fix(5.7)
Print Int(X) + Fix(X) + Y / 2
Print X + Y Mod 4 * 3 + Sqr(5 * Y)
Print (Y Mod 10) * 10 + Y \ 10
Print Y * Z & P
End Sub
```

图 2-12　窗体的单击事件过程

（2）运行程序，获得各表达式运算的结果如图 2-13 所示，验证这些结果是否与自己计算的一致。

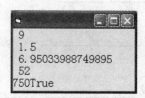

图 2-13　各表达式运算结果

实例 2　数值型、逻辑型数据的相互替代使用。

（1）建立一个工程，在代码窗口中书写窗体的单击事件过程。

```
Private Sub Form_Click()
Dim a AS Boolean, b AS Boolean
Dim X AS Integer, y AS Integer
    X = 0:y = -2:a = X:b = y
    Print a,b,x,y
    a = True:b = FalSe:X = a:Y=b
    Print x,y,a,b
End Sub
```

（2）运行程序后，输出结果是_____。

（3）思考为什么会得到这样的结果。

实例 3　关系运算。

（1）建立一个工程，在代码窗口中书写窗体的单击事件过程。

```
Private Sub Form_Click()
    Print "abcde" = "abd"
    Print "abcde" > "aba"
    Print "BC" >= "ABCFF"
    Print 31 < 3
    Print "34" < "3"
    Print "abc" <> "ABC"
End Sub
```

（2）运行程序后，输出结果是_____。

（3）思考为什么会得到这样的结果。

说明：字符串进行比较时注意以下原则：

①如果两个操作数是数值型，则按其大小进行比较。

②如果两个操作数是字符型，则按字符的 ASCⅡ码值从左到右一一比较，也就是说，先比较两个字符串中的第一个字符，其 ASCⅡ码值大的字符串大，如果第一个字符相同，则比较第二个字符，依此类推，直到比出结果为止。

实例 4　算术运算函数的使用。

（1）建立一个工程，在代码窗口中书写窗体的单击事件过程。

```
Private Sub Form_Click()
    Print Abs(-1.7),Log(12)，Sqr(9)
    Print Exp(3), Sin(30*3.1415926/180)
    Print Int(-3.5),Fix(-3.5),
    Round(1.5), Round(1.512,2)
```

End Sub

（2）运行程序后，输出结果是_____。

（3）思考为什么会得到这样的结果。

实例 5　求余数（模）运算符的使用。

（1）建立一个工程，在代码窗口中书写窗体的单击事件过程。

```
Private Sub Form_Click()
    Print 20 Mod 3
    Print 20 Mod -3
    Print -20 Mod 3
    Print -20 Mod –3
End Sub
```

（2）运行程序后，输出结果是_____。

（3）思考为什么会得到这样的结果。

第 3 章 顺序结构程序设计

计算机的应用程序一般包含输入数据、计算处理、输出处理结果三大部分，即先要通过输入操作，向机器输入数据，然后进行问题要求的计算处理，最后通过输出操作，把处理的结果告诉用户或保存在磁盘文件中，供以后查阅。所以计算机处理任何问题的过程都可以抽象为如图 3-1 所示的流程。

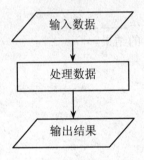

图 3-1 计算机处理问题的过程

本章将介绍 Visual Basic 中实现输入/输出及运算的相关语句、方法和有关的控件，利用这些方法，就可以设计出顺序结构的程序。

3.1 数据输出的基本方法

Visual Basic 程序中常利用 Print 方法、消息框和控件实现数据输出，本节将详细介绍这几种方式书写的格式和规则。

3.1.1 用 Print 方法输出数据

Print 方法是程序中最基本、最常用的输出数据的方法，在第 2 章例题中已经频繁使用。下面系统讲述该方法的使用规则。

（1）使用 Print 方法的基本规则。

[格式] [对象名.]Print [表达式列表]

[功能] Print 方法用于在窗体、图片框和打印机上显示或打印输出文本。

说明：加[]项表示可选项。

①对象名可以是窗体（Form）、图片框（PictureBox）或打印机（Printer）的名称。如果省略对象名，则在当前窗体上直接输出。

例如：运行下面程序时，单击窗体则在窗体输出"Visual Basic 程序设计"。

```
Private Sub Form_Click()
    Print "Visual Basic 程序设计"              '在窗体上输出
End Sub
```

②关键字 Print 可以用"?"代替，Visual Basic 会自动翻译为 Print。

③表达式列表可以是一个或多个表达式，如果省略，则输出一个空行。输出数值数据时，前面有一个符号位，后面有一个空格，输出字符串数据时前后都没有空格。

例如：运行下面程序后，单击窗体则输出结果如图 3-2 所示。

```
Private Sub Form_Click()
    Print 123                    '输出数值数据
    Print "Visual Basic"         '输出字符串数据
    Print                        '输出空行
    Print 123 * 2                '输出表达式的值
End Sub
```

图 3-2　用 Print 在窗体上输出数据

④当输出多个表达式时，各表达式之间用分号 ";" 或逗号 "," 分隔。

";" 分隔符：各输出项按紧凑格式输出，即后一数据项紧跟前一数据项输出；

"," 分隔符：各输出项按分区格式输出，此时系统会将一个输出行分为若干个区段，每个区段有 14 个字符宽，逗号之后的数据项将在当前输出位置的下一个区段输出。

例如：运行下面程序后，单击窗体则输出结果如图 3-3 所示。

```
Private Sub Form_Click()
    a = 4: b = 8
    Print a, b, 2 + a,           '以逗号作分隔符并以逗号结尾
    Print 2 * b
    Print "a=";                  '以分号结尾
    Print a, "b="; b             '以逗号、分号作分隔符
End Sub
```

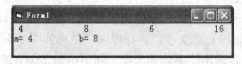

图 3-3　使用输出分隔符输出数据

可以看到：VB 在输出数值数据时将留出符号位，且在数值后自动留一个分隔位。

⑤若在 Print 语句行末尾没有分隔符，则输出当前输出项后自动换行。若 Print 语句以分号或逗号结束，则输出当前输出项后不换行，下一个 Print 输出的内容将按紧凑格式输出（以分号结尾）或输出在下一个输出区段上（以逗号结尾）。

在上面的例子中，第一个 Print 语句是以逗号结尾，使第二个 Print 语句输出的 16 显示在与第一个 Print 语句在同一行的下一个分区段；第三个 Print 语句是以分号结尾，使第四个 Print 输出的数据都显示在与第一个 Print 语句在同一行，且输出的 4 紧随"a="之后显示。

（2）在 Print 方法中使用格式控制函数。

尽管可以借助第 2 章介绍的格式化函数 Format()控制用 Print 方法输出的数据项的格式，Visual Basic 还提供了两个与 Print 配合的函数 Tab()和 Spc()，使数据项按指定的位置输出。

1）Spc()函数。

[格式] Spc(n)

[功能] 作为 Print 方法中的输出项，输出 n 个空格。

其中 n 为整型数值表达式，表示在窗体上输出或在打印机上打印 n 个空格。Spc()函数与输出的数据项之间用分号分隔。

例如：下面程序运行后，结果如图 3-4 所示。

```
Private Sub Form_Activate()
    Print
    Print Spc（4）; "欢迎学习"; Spc（4）; "Visual"; Spc（2）; "Basic"
End Sub
```

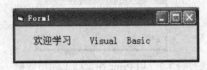

图 3-4   使用 Spc()函数

2）Tab()函数。

[格式] Tab(n)

[功能] 作为 Print 方法中的输出项，确定当前行的输出位置（字符的列数）。

其中 n 为整型数值表达式。表示把显示或打印的位置移到由参数 n 所指定的列数，从此列开始输出数据。要输出的内容放在 Tab()函数之后，并用分号隔开。例如：运行下面程序后，结果与图 3-3 类似，只是这里用 Tab()函数控制每一个数据输出的起始列数。

```
Private Sub Form_Activate()
    Print
    Print Tab（6）; "欢迎学习"; Tab(16); "Visual"; Tab(23); "Basic"
End Sub
```

3）使用位置属性。

要精确地把文本输出到窗体、图片框或打印页上，可以用其位置属性 CurrentX 和 CurrentY。这两个属性分别表示当前输出位置的横坐标和纵坐标（默认为缇）。

例 3-1   在窗体中间输出一串文字。运行程序，结果如图 3-5 所示。

程序设计中首先设置要输出的字体的大小，利用函数 TextWidth()和函数 TextHeight()分别测出要输出的字符串的宽和高，然后根据窗体的实际大小，借助位置属性 CurrentX 和 CurrentY 把字符串放置在窗体的中间显示。

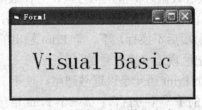

图 3-5   在窗体中间输出文本

```
Private Sub Form_Activate()
    Me.FontSize = 30          '设置输出字体的大小
    a = "Visual Basic"        '定义并初始化输出字符串的变量
    w = Me.TextWidth(a)       '获取输出字符串的宽
```

```
        h = Me.TextHeight(a)                '获取输出字符串的高
        Me.CurrentX = (Me.ScaleWidth - w) / 2    '设置输出的水平位置
        Me.CurrentY = (Me.ScaleHeight - h) / 2   '设置输出的垂直位置
        Print a
    End Sub
```

说明：窗体的属性 ScaleWidth 和 ScaleHeight 分别表示窗体内右下角的横坐标和纵坐标。在系统默认情况下，原点在窗体的左上角，这两个属性分别是窗体边框以内的宽和高。

3.1.2 用消息对话框输出信息

消息函数 MsgBox 可以产生一个对话框显示消息，如图 3-6 所示。当用户单击某个按钮后，将返回一个整数以说明用户单击了哪个按钮。

[格式] 变量=MsgBox(提示字符串[,外观参数[,对话框标题]])，[]表示可选项。

（1）"提示字符串"是指定对话框中显示的字符串。可以用回车符(Chr(13))、换行符(Chr(10))使显示的文本换行（或使用回车换行的符号常量 vbCrLf）。

（2）"对话框标题"是一个字符串，指定对话框的标题。

（3）"外观参数"是一个数值表达式，指定消息框的外观（由表 3-1 的"显示按钮"+"显示图标"+"默认按钮"+"等待模式"各取一个值的和）。如果省略此参数，默认为 0。

表 3-1 按钮参数的取值及含义

参数类型	参数值	符号常量	含义
显示的按钮	0	vbOKOnly	显示"确定"按钮
	1	vbOKCancel	显示"确定"和"取消"按钮
	2	vbAbortRetryIgnore	显示"终止"、"重试"和"忽略"按钮
	3	vbYesNoCancel	显示"是"、"否"和"取消"按钮
	4	vbYesNo	显示"是"和"否"按钮
	5	vbRetryCancel	显示"重试"和"取消"按钮
显示的图标	16	vbCritical	显示停止（X）图标
	32	vbQuestion	显示问号（?）图标
	48	vbExclamation	显示感叹号（!）图标
	64	vbInformation	显示消息（I）图标
默认按钮	0	vbDefaultButton1	第一个按钮为默认按钮
	256	vbDefaultButton2	第二个按钮为默认按钮
	512	vbDefaultButton3	第三个按钮为默认按钮
等待模式	0	vbApplicationModal	应用程序暂停运行，直到用户对消息框做出响应才继续执行下面的程序
	4096	vbSystemModal	全部程序都被挂起来，直到用户对消息框做出响应才能执行下面的程序

说明：

① "外观参数"，必须由表 3-1 中四种类型的按钮参数各取一个值求和。但在实际应用中，一般消息对话框的等待模式取 0 值，默认的活动按钮也常取 0 值（第一个按钮为默认按钮），

即按钮参数一般由前两种类型的参数确定。

例如，显示图 3-6 所示的消息框，应书写下面形式语句：

y = MsgBox("输入的文件名是否正确", 3+48, "请确认")

该按钮参数表达式也可以使用符号常量写成如下形式：

y = MsgBox("输入的文件名是否正确", vbYesNoCancel + vbExclamation, "请确认")

图 3-6　消息对话框

②MsgBox 函数的返回值反映了用户在对话框中选择了哪一个按钮，如表 3-2 所示。

例如，下面程序运行后，三次单击窗体，在弹出的消息对话框中分别选择"是"、"否"和"取消"三个按钮，则在窗体上分别显示 6、7 和 2。

```
Private Sub Form_Click()
    y = MsgBox("输入的文件名是否正确", vbYesNoCancel + vbExclamation, "请确认")
    Print y
End Sub
```

表 3-2　消息函数的返回值

返回值	符号常量	所对应的按钮
1	vbOK	"确定"按钮
2	vbCancel	"取消"按钮
3	vbAbort	"终止"按钮
4	vbRetry	"重试"按钮
5	vbIgnore	"忽略"按钮
6	vbYes	"是"按钮
7	vbNo	"否"按钮

③在消息函数 MsgBox 的参数表中，如果省略了处于表中间的某个参数，必须加入相应的逗号分隔符，例如：

y = MsgBox("输入的文件名是否正确", , "请确认")

④若不需要消息函数的返回值，可以使用如下形式的 MsgBox 语句，其格式为：

MsgBox　提示[,按钮[,对话框标题]]

注意：MsgBox 语句中的参数与 MsgBox 函数相同，仅没有圆括号(), 执行后无需返回值。

例 3-2　下面程序运行后，单击窗体，则分别在窗体上和消息框中输出圆的周长和面积。如图 3-7 所示。

```
Private Sub Form_Click()
    Dim r As Single, k As Single, s As Single
    Const pi = 3.14159
    r = 200
    k = 2 * pi * r
    s = r * r * pi
```

```
    Print "圆的周长="; k
    Print "圆的面积="; s
    MsgBox "圆的周长=" & k & Chr(13) & "圆的面积=" & s, vbOKOnly, "计算结果"
End Sub
```

图 3-7　例 3-2 输出结果

3.1.3　用 Visual Basic 的控件输出信息

利用 Visual Basic 语言提供的标准控件，如文本框、标签等可以设计友好的界面，实现数据输出。请参见本章的 3.4 节。

3.2　数据输入的基本方法

Visual Basic 程序中常利用赋值语句、InputBox 函数和控件实现数据输入，本节将详细介绍这几种方式书写的格式和规则。

3.2.1　赋值语句

赋值语句，是程序中最基本、最常用的语句，在前面例题中已多次用到。

[格式]　[Let] 变量名或对象属性名=表达式

[功能]　计算赋值号右边表达式的值，再将其赋给赋值号左边的变量名或属性名。加[]项是可选项

说明：

①关键字 Let 表示赋值，通常可以省略。这里的=称为赋值号，表示给予。

②赋值号=右边的表达式可以是算术表达式、字符串表达式、关系表达式或逻辑表达式，计算所得的值将赋值给=左边的变量或对象的属性。但必须注意，赋值号两边的数据类型必须一致，或右边表达式的数据类型能自动转换为与左边的变量和属性相同的数据类型，否则会出现"类型不匹配"的错误。

例如在程序中有下面两行代码：

```
Dim x As Integer
    x = "12345"
```

Visual Basic 能正常执行，因为右边的表达式"12345"为数字字符串，赋值操作时，Visual Basic 系统会自动把数字字符串"12345"转换为数值 12345，再赋值给左边的整型变量 x。

如果将代码改为：

```
Dim x As Integer
    x = "abcde"
```

程序执行到赋值语句时立即报出类型不匹配的错误，因为系统不能把英文字母串"abcde"转换为数值。

一般来讲，不能将字符串表达式的值赋给数值变量，也不能将数值表达式的值赋给字符串变量。如果这样做，就会在编译时出现错误。

③赋值语句总是先计算右边表达式的值，然后再赋值。表达式中可以含已赋值的变量。

④在 Visual Basic 中的赋值号"="与数学中的等号具有完全不同的含义，这里要特别注意。例如赋值语句：

x=x+1

表示把变量 x 的当前值加上 1 之后，将结果赋给变量 x，如果 x 的当前值为 5，执行该赋值语句后，变量 x 就变为 6。而在数学中，x=x+1 是不成立的。

3.2.2 用 InputBox 函数输入数据

InputBox 函数能获得用户从键盘输入的数据，返回一个字符串。书写时应该出现在表达式中。

[格式] InputBox(提示字符串 [,标题] [,默认值][,xpos] [,ypos])

[功能] 执行时出现一个对话框，等待用户即时从键盘输入数据。加[ ]项表示可选。

（1）"提示字符串"是一个字符串，其最大长度约为 1024 个字符。如果提示包含多行，可在各行之间用回车换行符的组合(Chr(13) & Chr(10))或回车换行符（vbcrLf）分隔。

（2）"标题"是对话框标题栏中的字符串表达式。默认"标题"是应用程序名。

（3）"默认值"是显示在输入框中的默认字符串表达式，在没有其他输入时作为缺省值。如果省略"默认值"，则输入框为空。

（4）xpos 和 ypos 是可选参数，分别指定对话框左边和上边，与屏幕左边和上边的距离。

说明：

①如果用户单击"确定"或按下 Enter 键，则 InputBox 函数返回文本框中的内容。如果用户单击"取消"，则此函数返回一个长度为零的字符串 ("")。

②如果要省略参数表中间某些位置的参数，则必须加入相应的逗号分界符，若省略的参数全在参数表的右边，则不用加逗号分界符。

例如，书写窗体的 Activate 事件过程如下，则执行程序时出现如图 3-8 所示对话框，等待用户从键盘输入数据，然后将此数据赋给 Str1 变量。

```
Private Sub Form_Activate()
    Dim Str1 As String
    Str1 = "请输入学生的籍贯名称" + Chr(13) + Chr(10) + "然后单击"确定"按钮或按回车键"
    Str1 = InputBox(Str1, "学生籍贯", "北京")
    Print Str1
End Sub
```

图 3-8　输入对话框

使用 InputBox 函数，可以在程序运行时即时输入数据，提高程序的通用性。对于前面介绍的例 3-2，如果将数据输入改为 InputBox 函数输入半径，则可以计算任意半径圆的周长和面积。程序代码修改如下：

```
Private Sub Form_Click()
    Dim r As Single, k As Single, s As Single
    Const pi = 3.14159
    r = Val(InputBox("请输入圆的半径："))          '即时输入半径值
    k = 2 * pi * r
    s = r * r * pi
    Print "圆的周长="; k
    Print "圆的面积="; s
    MsgBox "圆的周长=" & k & Chr(13) & "圆的面积=" & s, vbOKOnly, "计算结果"
End Sub
```

例 3-3 根据计算某年 y 的元旦是星期几的算式，设计程序，查看某年的元旦是星期几。

$$f = y - 1 + \left[\frac{y-1}{4}\right] + \left[\frac{y-1}{100}\right] + \left[\frac{y-1}{400}\right] + 1 \qquad \text{其中[]表示取整}$$

k=f Mod 7

其中，y 为某年公元年号，计算出 k 为星期几，k=0 表示星期天。

编写程序如下，程序中用 InputBox 函数通过键盘输入年号，用 MsgBox 消息框输出结果，如图 3-9 所示。程序运行时输入哪年年号就可以预测哪年元旦是星期几，通用性很强。

```
Private Sub Form_Click()
    Dim y As Integer, f As Integer, k As Integer
    y = Val(InputBox("请输入年号：", , "键盘输入年号"))
    y = y - 1
    f = y + y \ 4 - y \ 100 + y \ 400 + 1
    k = f Mod 7
    MsgBox y + 1 & "年的元旦是星期" & k
End Sub
```

图 3-9　例 3-3 显示结果

3.2.3　用 Visual Basic 的控件输入数据

利用 Visual Basic 语言提供的标准控件，如文本框等可以设计友好的界面，实现数据输入工作。请参见本章的 3.4 节。

3.3　常用基本语句

除了输入/输出语句外，程序中还会涉及到表示其他功能的语句，这里介绍几个简单的常用语句，更多语句将在后续各章中分别介绍。

3.3.1 注释语句 Rem

为了提高程序的可读性，通常在程序的适当位置加上必要的注释。在前两章的例题程序中，已经使用单撇号（'）为程序添加了一些简要的注释。实际上在 Visual Basic 中为程序添加注释的语句有 2 种，其形式为：

Rem 注释内容

或

    '注释内容

[功能] 仅为用户读程序提供注释，机器在编译程序时并不翻译注释内容，因此注释内容对程序执行没有任何影响。

说明：

①如果使用关键字 Rem，在 Rem 和注释内容之间要加一个空格，在程序中作为一个独立的语句行存在。如果把 Rem 语句用在其他程序语句之后，必须使用冒号（:）与前面的语句隔开。

②使用注释符号（单撇号'）可以直接写在其他语句之后，较使用 Rem 更为方便，例如：

```
n = InStr(a, " ")        '查找空格位置
b = Left(a, n - 1)       '取字符串变量 a 左边部分的 n-1 个字符
c = Mid(a, n + 1)        '取字符串变量 a 第 n+1 个字符开始的右边部分
```

3.3.2 加载对象语句 Load

在程序运行的过程中，有时需要添加新的窗体或为控件数组增加新的元素，这类操作可以通过加载对象语句 Load 来完成。

[格式] Load 对象名

[功能] 把对象名代表的对象，如窗体、控件数组元素等加载到内存中，以供程序使用。

说明：使用 Load 语句可以加载窗体，但不显示窗体。当 Visual Basic 加载窗体对象时，先把窗体属性设置为初始值，再执行 Load 事件过程。例如：

```
Load Form1               '加载窗体 Form1
```

3.3.3 卸载语句 Unload

在程序运行过程中要从程序移除某个不再使用的窗体或控件，可以使用卸载对象语句 Unload 来完成。

[格式] Unload 对象名

[功能] 从内存中卸载指定窗体或控件。

如果卸载的对象是程序中唯一的窗体，将终止程序的执行。例如，对于一个单窗体的程序，执行 Unload Me，立即终止程序的执行。

说明：Me 是系统关键字，用来代表当前窗体。如果程序的窗体名为 Form1，也可以写为 Unload Form1。

3.3.4 结束语句 End

如果需要强行终止 Visual Basic 程序的运行，可以使用 End 语句。

[格式] End

[功能] 结束程序的运行。

End 语句能够强制终止程序代码的执行，清除内存中的所有变量，并关闭所有数据文件。在程序运行中，用户也可以单击工具栏上的"结束"按钮 ■ 来强行结束程序的运行。

3.3.5 暂停语句 Stop

在调试程序的过程中，有时希望程序运行到某一语句后暂停程序的执行，以方便用户检查运行中的某些动态信息。暂停语句为用户提供了这样的方便。

[格式] Stop

[功能] 在解释方式下，暂停当前程序的执行，并切换到中断模式（Break）。

说明：

①如果在编译后生成的可执行文件（.exe）中含有 Stop 语句，则执行该语句时会弹出一个提示"遇到 Stop 语句"的对话框，如图 3-10 所示，点击确定后，关闭所有文件，退出程序。因此，当程序调试结束后，生成可执行文件之前，应删除程序代码中的所有 Stop 语句。

图 3-10 Stop 语句运行界面

②暂停程序运行，也可以通过单击工具栏上的"中断"按钮 ‖ 来实现。Stop 语句就是在程序中设置断点，当程序执行到 Stop 语句时，在程序中的变量、打开的文件等都保持着当前的动态信息，不会丢失，如果用户执行 Visual Basic 的"启动"命令，程序可以继续运行。

③有时程序运行过程中进入"死锁"或"死循环"（均由程序错误引起），而无法正常操作"中断"和"结束"命令，可以按 Ctrl+Break 键来强制性地暂停程序的运行。

3.4 常用标准控件及应用

Visual Basic 的工具箱（选菜单的"视图"→"工具箱"可控制是否出现在编辑窗口）中，提供了应用程序的界面中常用控件类。了解控件的基本属性和一些最常用的控件,如命令按钮、标签、文本框等，就能完成一些简单程序的界面设计。

3.4.1 控件的基本属性

控件有很多共同的基本属性，与窗体的基本属性相同。下面对大多数控件所共有的这些基本属性作进一步的说明，在以后介绍具体控件时，将不再重复介绍这些属性。

（1）Name 属性：用于定义控件对象的名称。每当新建一个控件时，Visual Basic 会给该控件指定一个默认名，如 Commandl、Command2…，Textl、Text2 等。控件的 Name（名称）属性值必须是标识符。名称长度不能超过 40 个字符。

用户可在属性窗口的"名称"栏中设置控件的名称。但在应用程序运行时，Name 属性是只读的，即 Name 属性的修改只能在设计界面时在属性窗口中修改，不能写成赋值语句在执行程序时完成。

（2）Caption 属性：用于确定控件的标题。

（3）Enabled 属性：决定控件是否对用户产生的事件做出响应。如果将控件的 Enabled 属性值设置为 True（默认值），则控件有效，允许控件对事件做出响应；当设置 Enabled 属性为 False 时，则控件变成浅灰色，不允许使用。

（4）Visible 属性：决定控件是否可见，默认值为 True。当设置 Visible 属性为 False 时，控件不可见。

（5）Height，Width，Top 和 Left 属性：Height 和 Width 属性确定控件的高度和宽度，Top 和 Lelf 属性确定控件在窗体中的位置。Top 表示控件到窗体顶部的距离，Lelf 表示控件到窗体左边框的距离，如图 3-11 所示。

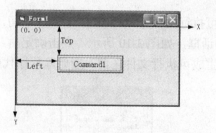

图 3-11　控件在窗体上的位置

（6）BackColor 和 ForeColor 属性：这两个属性用于设置控件的背景色和前景色。

（7）Font 属性：确定控件中显示的文本所用字体的样式、大小、字体效果等。设置该属性时，先选定控件，从属性窗口中选择属性 Font，再单击属性行右端的三点式按钮，然后在打开的"字体"对话框直接设置即可。

Font 属性也可以通过 FontName（字体名）、FontSize（字体大小）、FontBold（粗体）、FontItalic（斜体）、FontStrikethru（删除线）、FontUnderline（下划线）、FontTransparent（与背景重叠）等属性，在程序代码中进行设置。

3.4.2　焦点和 Tab 键序

（1）焦点。

焦点是用于描述对象接收鼠标或键盘输入的能力。一个应用程序可以有多个窗体，每个窗体上又可以有很多对象，但用户任何时候只能操作一个对象。我们称当前被操作的对象获得了焦点（Focus）。当对象具有焦点时，才能接收用户的输入。

窗体和大多数控件都可以接收焦点。但焦点在任何时候只能有一个。改变焦点将触发焦点事件。当对象得到或失去焦点时，分别产生 GotFocus 或 LostFocus 事件。

要将焦点赋给对象（窗体或控件），有以下几种方法：

1）用鼠标选定对象。

2）按快捷键选定对象。

3）按 Tab 键或 Shift+Tab 键在当前窗体的各对象之间切换焦点。

4）在代码中用 SetFocus 方法来设置焦点。

注意：只有当对象的 Enabled 和 Visible 属性为 True 时，它才能接收焦点。

（2）Tab 键序。

Tab 键序是指用户按 Tab 键时，焦点在控件间移动的顺序。当向窗体中设置控件时，系统会自动按顺序为每个控件指定一个 Tab 键序。Tab 键序也反映在控件的 TabIndex 属性中，其属性值为 0，1，2，…。通过改变控件的 TabIndex 属性值，可以改变默认的按 Tab 键移动焦点的顺序。

3.4.3　命令按钮

命令按钮（CommandButton）用于接收用户的操作信息，并引发应用程序的某个操作。当用户用鼠标单击命令按钮，或者选中命令按钮后按回车键时，就会触发该命令按钮相应的事件过程。

（1）常用属性。

命令按钮（CommandButton）除常用的 Name，Enabled，Visible，Height，Width，Top，Left，BackColor，ForeColor，Font 等属性外，特别要关注的属性有：

1）Caption 属性：此属性保存的文字内容会出现在命令按钮的表面，可以是任意的字符串。

利用 Caption 属性可以为控件指定一个访问键（热键）。设置方法是：在想要指定为访问键的字符前加一个&符号。例如：

```
Private Sub Form_Load()
    Me.Caption = "显示文本"
    Command1.Caption = "&D 显示"
    Command2.Caption = "&C 清除"
    Command3.Caption = "&E 结束"
End Sub
```

这样就为三个命令按钮分别定义了访问键 D、C 和 E，运行程序时的窗体外观如图 3-12 所示，只要用户同时按下 Alt 键和 D、C 或 E 键，就能执行该按钮相应的命令。

图 3-12　为按钮指定访问键

2）Style 属性：设置命令按钮的外观，默认值为 0，表示以标准的 Windows 按钮方式显示；其值为 1 时，表示以图形按钮显示，此时可用 Picture，DownPicture 和 DisabledPicture 属性分别指定按钮在正常、被按下和不可用 3 种状态下的图片。

注意 Style 是只读属性，只能在 Visual Basic 的属性窗口中设置。如图 3-13 所示，Command1 是标准的 Windows 按钮，Command2 是图形按钮，表面可以加载图片（用 Command2.Picture = LoadPicture（"图片文件名"）语句）。

3）Cancel 属性：窗体上的命令按钮还可以有一个取消按钮。所谓"取消按钮"是指只要用户按下 Esc 键，就等价于单击该按钮，并自动执行该命令按钮的 Click 事件过程。

Cancel 属性用于设置"取消按钮"，取值为布尔类型，如果该按钮的 Cancel 属性为 True，表示该按钮就是"取消按钮"。

4）Default 属性：窗体上的命令按钮常会有一个默认按钮和一个取消按钮。所谓"默认按钮"是指无论当前焦点处于何处,只要用户按下 Enter 键就等价于单击该按钮,则自动执行该命令按钮的 Click 事件过程。

Default 属性用于设置"默认按钮",值为布尔类型,如果该按钮的 Default 属性为 True,表示该命令按钮就是"默认按钮"。

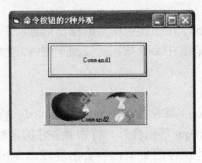

图 3-13   命令按钮的 Style 属性设置

(2)常用事件和方法。

命令按钮最常用的事件是 Click(单击)事件,但不支持 DblClick(双击)事件。

命令按钮常用的方法是 SetFocus。

3.4.4   标签控件

标签(Label)主要用于显示比较固定的提示性信息,常作为输出信息的控件。通常使用标签为文本框、列表框、组合框等控件附加说明或描述性信息,其默认名称(Name)为 Label1,Label2,…。

(1)常用属性。

标签(Label)除常用的 Name,Enabled,Visible,Height,Width,Top,Left,BackColor,ForeColor,Font 等属性外,特别要关注的属性有:

1)Caption 属性:这是标签的默认属性,此属性保存的文字内容将显示在标签内,可以是任意的字符串。

2)AutoSize 属性:确定标签的大小是否根据标签内显示的内容自动调整大小。该属性值为布尔型,只可选取两个值:

False   标签不自动调整大小(默认值)

True   标签自动调整大小,以适应显示的文本

3)BorderStyle 属性:设置标签的边框,可以取两种值:

0   无边框(默认值)

1   表示加上边框

4)BackStyle 属性:设置标签的背景模式,共有两个选项:

1   标签将覆盖背景(默认值)

0   标签是"透明"的

5)Alignment 属性:设置标签中文本的对齐方式,共有 3 个可选项:

0   左对齐(默认值)

1   右对齐

2   居中

6）WordWrap 属性：设定标签大小是否根据其内容改变垂直方向的大小，即是否增/减行来适应内容的变动，但保持宽度不变。该属性值为布尔型：

False　　不改变标签的垂直方向大小以适应标签内容的变动（默认值）

True　　改变标签的垂直方向大小以适应标签内容的变动

说明：只有当 AutoSize 属性值设置为 True 之后，WordWrap 属性设置为 True 才能起作用。但有一种情况例外，即 Caption 属性中不含中文格式字符时（全角字母也是中文格式字符），AutoSize 属性有更高的优先级，WordWrap 属性不起作用，否则，在不改变 Label 宽度的前提下，以中文字符为分节符，换行分节输出。

（2）常用事件和方法。

标签可触发 Click，DblClick 等事件。

标签支持 Move 方法，用于实现控件的移动。

例 3-4　分别使用无框的标签和有框的标签输出信息，程序运行情况如图 3-14 所示。

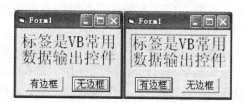

图 3-14　有边框和无边框的标签

①建立程序的界面。在窗体上画 1 个标签 Label1 和 2 个命令按钮 Command1、Command2，并适当调整各控件的位置和 2 个命令按钮的大小。

②编写程序代码。

```
Private Sub Form_Load()
    Command1.Caption = "有边框"
    Command2.Caption = "无边框"
    Label1.FontSize = 20
    Label1.AutoSize = True                '自动改变标签的大小以适应输出的内容
    Label1.Caption = "标签是 VB 常用" & vbcrlf & " 数据输出控件"
End Sub
Private Sub Command1_Click()
    Label1.BorderStyle = 1                '标签显示边框
    Label1.WordWrap = True                '设置标签可改变垂直方向大小以保持初始显示格式
    Label1.Caption = "标签是 VB 常用数据输出控件"
End Sub
Private Sub Command2_Click()
    Label1.BorderStyle = 0
    Label1.WordWrap = True
    Label1.Caption = "标签是 VB 常用数据输出控件"
End Sub
```

3.4.5　文本框

文本框（TextBox）是一个文本编辑区域，用户可以在该区域中输入、编辑和显示文本内容。默认情况下，文本框只能输入单行文本，并且最多可以输入 2048 个字符。在程序中，文本框经常作为输出数据的控件使用，又常作为输入数据的控件使用。

（1）常用属性。

文本框具备控件的常用属性，但文本框没有 Caption 属性。除常用的 Name，Enabled，Visible，Height，Width，Top，Left，BackColor，ForeColor，Font 等属性外，特别要关注的属性有：

1）Text 属性：该属性反映了文本框中的文本内容，默认值为 Textl，Text2，…。该属性也是文本框的默认属性。例如，有一个文本框 Text1，在程序中引用属性 Text，使用 Text1.Text 或 Text1 均可。

2）Multiline 属性：该属性指定文本框中是否允许显示和输入多行文本。该属性值为逻辑值：

False　文本框只能输入或显示单行文本（默认值）

True　文本框可以输入或显示多行文本

在多行文本框中，当显示和输入的文本超过文本框的右边界时，文本会自动换行，在输入时也可以按 Enter 键强行换行，按 Ctrl+Enter 可以插入一个空行。

3）PasswordChar 属性：该属性指定在文本框中显示的字符，也叫口令字。

如输入密码时，不想显示真实字符，则可执行语句：　文本框对象名.PasswordChar="*"，以后用户输入到文本框中的任何字符都将以*替代显示，而在文本框中的实际内容仍是输入的文本，只是显示结果被改变了，因此可作为密码使用。

4）ScrollBars 属性：该属性指定在文本框中是否出现滚动条。（使文本框出现滚动条的前提是 Multiline 属性为 True），共有 4 个取值：

0　表示不出现滚动条（默认值）

1　表示出现水平滚动条

2　表示出现垂直滚动条

3　表示同时出现水平滚动条和垂直滚动条

5）Locked 属性：该属性设置文本框是否可以进行编辑、修改。当设置值为 False（默认值），表示文本框可以编辑、修改；若设置为 True 时，表示文本框被锁定，只能读出文本来使用，不能编辑、修改。

6）Maxlength 属性：该属性确定文本框中文本的最大长度。对于单行显示的文本框，指定最大长度为 2KB；对于多行显示的文本框，指定最大长度为 32KB。若将其设置为正整数值，这一数值就是可容纳的最大字符数。

7）SelStart、Sellength 和 SelText 属性：这 3 个属性用于标识用户选定的文本，它们只在程序运行时有效，用于反映用户选定文本框中文本的情况。

Selstart：选定文本的开始位置，默认值为 0，表示从第 1 个字符开始；

SelLength：选定文本的长度；

SelText：选定的文本内容。

（2）常用事件和方法。

文本框支持 Click，DblClick 等鼠标事件，同时支持 Change（内容改变）、GotFocus（获得焦点）、LostFocus（失去焦点）等事件。

当文本框的 Text 属性值发生变化时，触发文本框的 Change 事件。常在该事件过程中编写程序代码对文本内容进行具体处理。

文本框常用方法有 SetFocus 方法和 Move 方法。

例 3-5　利用文本框输入密码。

设计步骤如下：

①在窗体上画 1 个文本框，1 个标签，1 个命令按钮，并调整大小和位置。

②书写程序代码如下：

```
Private Sub Command1_Click()
MsgBox "输入的密码是： " + Text1.Text, 64, "口令字的应用"
End Sub
Private Sub Form_Load()
    Form1.Caption = "用文本框输入密码"
    Label1.Caption = "密码： "
    Text1.Text = ""
    Text1.PasswordChar = "*"
    Command1.Caption = "显示密码"
End Sub
```

程序运行后将出现如图 3-15 所示界面和消息框。看不见输入密码，但可以输出密码。

图 3-15　文本框"口令字"属性的应用

例 3-6　利用文本框的属性设计如图 3-16 所示界面，当用户选定了文本框 1 中内容后，单击命令按钮则会在文本框 2 中显示选定内容。

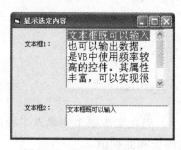

图 3-16　例 3-6 要求的界面

设计步骤如下：

①在窗体上画 2 个文本框、2 个标签和 1 个命令按钮，并调整大小和位置。

②在属性窗口完成只读属性设置：文本框 1 的 Multiline 设为 true，可以显示多行文字，ScrollBars 设为 2（Vertical），出现垂直滚动条。

③书写程序如下代码：

```
Private Sub Form_Click()
    Text2.Text = Text1.SelText
End Sub
```

```
Private Sub Form_Load()
    Label1.Caption = "文本框 1："
    Label2.Caption = "文本框 2："
    Text1.FontSize = 15
    Text1.Text = "文本框既可以输入也可以输出数据，是 VB 中使用频率较高的控件。其属性丰富，可以
实现很多 Windows 环境下常见的操作"
    Form1.Caption = "显示选定内容"
End Sub
```

程序运行后，选定文本框 1 中的文字后，再单击窗体，则在文本框 2 中显示被选定的文字，如图 3-16 所示。如果选定文字较长，在文本框 2 中不会显示为多行。体会文本框的 Multiline、ScrollBars、SelStart、Sellength 和 SelText 等属性的意义。

例 3-7   修改前面的例 3-2，将数据输入和输出均改为文本框，设计更友好的界面，计算圆的周长和面积。

程序设计步骤如下：

①在窗体上画 3 个文本框、3 个标签和 1 个命令按钮，并调整大小和位置。

②书写程序代码如下：

```
Private Sub Command1_Click()
    Dim r As Single, k As Single, s As Single
    Const pi = 3.14159
    r = Val(Text1.Text)         '从文本框中获取半径值
    k = 2 * pi * r
    s = r * r * pi
    Text2.Text = k              '将周长值显示在文本框 2 中
    Text3.Text = s              '将面积值显示在文本框 3 中
End Sub
'以下的属性设置也可以直接在属性窗口中设置
Private Sub Form_Load()
Form1.Caption = "计算圆的周长和面积："
Command1.Caption = "计算"
Label1.Caption = "输入半径："
Label2.Caption = "圆的周长为："
Label3.Caption = "圆的面积为："
Text1.Text = "":  Text2.Text = "":  Text3.Text = ""
End Sub
```

程序运行结果如图 3-17 所示。当在文本框 1 中输入半径后，单击命令按钮，则在文本框 2 和文本框 3 中分别显示计算的周长和面积值。

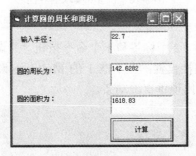

图 3-17   用控件输入/输出数据

例 3-8　设计程序，在两个文本框中分别输入数据，然后交换这两个文本框显示的内容。
交换两个文本框的内容与交换两个变量的值一样，需要一个 String 类型的变量周转。

①创建一个工程，在窗体上建立 2 个标签、2 个文本框和 1 个命令按钮。

②编写程序代码如下：

```
Private Sub Form_Load()
    Form1.Caption = "使用文本框"
    Label1.Caption = "第一个文本框："
    Label2.Caption = "第二个文本框："
    Text1.Text = "": Text2.Text = ""
    Command1.Caption = "交换文本框中内容"
End Sub
Private Sub Command1_Click()
    Dim Tmp As String
    Tmp = Text1.Text
    Text1.Text = Text2.Text
    Text2.Text = Tmp
End Sub
```

程序运行后，先后在两个文本框中输入不同的内容，然后单击命令按钮，可以看到两个
文本框的内容互换。如图 3-18 所示。

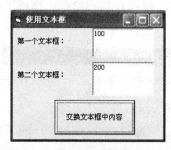

图 3-18　例 3-8 程序运行情况

例 3-9　提取人民币方案。储户到银行提取存款共计 N 元，试问银行出纳员应如何付款，
才可以使储户拿到的人民币的张数最小呢？

设计步骤如下：

①在窗体上添加 1 个文本框 Text1，用于输入提取的存款金额；1 个命令 Command1，启
动统计计算；多个标签，其中 Label1～Label6 用于显示统计计算的结果，Label7～Label12 用
于显示 100 元、50 元、10 元、5 元、2 元、1 元等信息，Label13 用于显示"提取存款金额"。
注意调整各控件的大小和位置。

②编写程序代码如下。

```
Private Sub Form_Load()
    Me.Caption = "提取人民币方案"
    Command1.Caption = "统计"
    Text1.Text = ""
    Label1.Caption = "": Label1.BorderStyle = 1    '显示统计结果的标签加上边框
    Label2.Caption = "": Label2.BorderStyle = 1
    Label3.Caption = "": Label3.BorderStyle = 1
    Label4.Caption = "": Label4.BorderStyle = 1
```

```
    Label5.Caption = "": Label5.BorderStyle = 1
    Label6.Caption = "": Label6.BorderStyle = 1
    Label7.Caption = "100 元:" : Label8.Caption = "50 元:"
    Label9.Caption = "10 元:" : Label10.Caption = "5 元:"
    Label11.Caption = "2 元:": Label12.Caption = "1 元:"
    Label13.Caption = "提取存款金额:": Label14.Caption = "元"
End Sub
Private Sub Command1_Click()
    Dim x As Currency
    x = Val(Text1.Text)
    y100 = x \ 100: x = x Mod 100          '求 100 元的张数及余额
    y50 = x \ 50: x = x Mod 50             '求 50 元的张数及余额
    y10 = x \ 10: x = x Mod 10             '求 10 元的张数及余额
    y5 = x \ 5: x = x Mod 5                '求 5 元的张数及余额
    Y2 = x \ 2: x = x Mod 2                '求 2 元的张数及余额（即 1 元的张数）
    Y1 = x
    Label1.Caption = y100 & "张": Label2.Caption = y50 & "张"
    Label3.Caption = y10 & "张": Label4.Caption = y5 & "张"
    Label5.Caption = Y2 & "张": Label6.Caption = Y1 & "张"
End Sub
```

运行程序后，在文本框中输入提取存款的金额，然后单击"统计"按钮，即可得到如图 3-19 所示的结果。

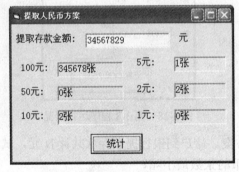

图 3-19   例 3-9 程序运行情况

3.4.6   滚动条

在许多 Windows 程序中，如 Word、Excel 等都使用滚动条，用户可以通过拖动滚动条看到显示的全部信息。通常利用滚动条来提供简便的定位，还可以利用滚动块位置的变化，去控制声音音量或调整图片的颜色，使其有连续变化的效果，实现调节的目的。

滚动条有水平和垂直两种，分别可通过工具箱中的水平滚动条（HScrollBar）和垂直滚动条（VScrollBar）工具建立，如图 3-20 所示。

这两种滚动条仅方向不同，但其功能和操作完全一样。垂直滚动条的最上方代表最小值（Min），从上往下移动滚动块（或称滚动框）时，代表的值随之递增，最下方代表最大值（Max）。水平滚动条的最左端代表最小值，从左往右移动滚动块时，代表的值随之增大，最右端代表最大值。

图 3-20　滚动条控件

（1）常用属性。

滚动条具有控件的常用属性，但没有 Caption 属性。除常用的 Name，Enabled，Visible，Height，Width，Top，Left 等属性外，特别要关注的属性有：

1）Min、Max 属性：设置滚动条所能代表的最小值和最大值，其取值范围为-32768～32767。Min 属性的默认值为 0，Max 属性的默认值为 32767。这两个属性界定了属性 Value 的取值范围。

2）Value 属性：返回或设置滚动块在滚动条中的当前位置（在 Min 和 Max 之间，包括这两个值）。

3）SmallChange（最小变动值）属性：表示单击滚动条两端箭头时，滚动块移动的增量值。

4）LargeChange（最大变动值）属性：表示单击滚动条内空白处，滚动块移动的增量值。

（2）事件。

滚动条控件可以识别 10 个事件，其中最常用的是 Scroll 和 Change 事件。

1）Change 事件：当释放滚动块、单击滚动条内空白处或两端箭头时，触发 Change 事件。

2）Scroll 事件：当用鼠标拖动滚动块时，即触发 Scroll 事件。（虽然拖动滚动块会改变 Value，也不会发生 Change 事件。

例 3-10　修改前面的例 3-2，用滚动条输入半径，再计算周长和面积。程序界面如图 3-21所示。

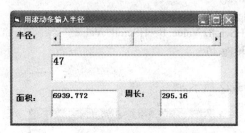

图 3-21　例 3-10 界面

设计步骤：

①在窗体上画 3 个签标 Label1～Label3，用于标识半径等信息，1 个水平滚动条 HScroll1，用于设置半径值，3 个文本框，用于显示周长、面积、半径等数据，1 个命令按钮 Command1。

②编写程序代码如下：

```
Private Sub Form_Load()
```

```
    Form1.Caption = "用滚动条输入半径"
    HScroll1.Max = 100：HScroll1.Min = 0
    Label1.Caption = "半径："：Label2.Caption = "面积："：Label3.Caption = "周长："
End Sub
Private Sub HScroll1_Change()
    Dim r As Single, s As Single, c As Single
    r = HScroll1.Value
    s = 3.14159 * r * r
    c = 2 * 3.14 * r
    Text1.Text = r：Text2.Text = s：Text3.Text = c
End Sub
```

程序运行后，拖动滚动条，则计算相应圆的面积和周长。由于设置滚动条的取值范围在 0～100 之间，SmallChange 默认为 1，故 r 的取值为 1～100 间的整数。

例 3-11　设计程序，用滚动条设置红、绿、蓝颜色值，再用 RGB 函数调兑出一个颜色，实现调色板功能。

设计步骤：

①在窗体上画 3 个签标 Label1～Label3，用于显示红、绿、蓝说明，3 个水平滚动条 HScroll1～Hscroll3，用于设置 3 个颜色值，1 个文本框 Text 1，用于显示调色值，1 个命令按钮 Command1。

②编写程序代码如下：

```
Private Sub Form_Load()    '以下的属性设置也可以直接在属性窗口中设置
    Form1.Caption = "调色板"
    Label1.Caption = "红"：Label2.Caption = "绿"：Label3.Caption = "蓝"
    Text1.Text = ""
    Command1.Caption = "显示调色结果"
    HScroll1.Min = 0: HScroll1.Max = 255
    HScroll2.Min = 0: HScroll2.Max = 255
    HScroll3.Min = 0: HScroll3.Max = 255
End Sub
Private Sub Command1_Click()
    Dim r as integer, g as integer, b As Integer
    r = HScroll1.Value: g = HScroll2.Value: b = HScroll3.Value
    Text1.BackColor = RGB(r, g, b)
End Sub
```

运行程序，结果如图 3-22 所示。

图 3-22　用滚动条设置颜色值

例 3-12　设计程序，用滚动条控制文本框宽度，实现文本框的展开和折叠功能。

设计步骤：

①在窗体上画 1 个水平滚动条 HScroll1，1 个文本框 Text1。

②编写程序代码如下，程序运行后拖动滚动条将使文本框的宽度随之变化。如图 3-23 所示。

```
Private Sub Form_Load()
    Me.Caption = "用滚动条控制文本框宽度"
    Text1.Text = ""
    Text1.BackColor = vbRed
    Text1.FontSize = 20
    HScroll1.Min = 0
    HScroll1.Max = Text1.Width
    Text1.Width = 0
End Sub
Private Sub HScroll1_Change()
    Text1.Width = HScroll1.Value
End Sub
```

图 3-23　例 3-12 运行结果

3.4.7　图片框

图片框（PictureBox）控件主要作用是显示图片、作为其他控件的容器、显示图形方法输出的图形、显示 Print 方法输出的文本，其作用和窗体相似，是在窗体中的小窗体。

（1）常用属性。

图片框具有控件的常用属性。除常用的 Name，Enabled，Visible，Height，Width，Top，Left，BackColor，ForeColor，Font 等属性外，特别要关注的属性有：

1）Picture 属性：用于设置图片框中要显示的图形文件（可以是含路径的文件名）。可以在属性窗口设置 Picture 属性值，也可以在程序运行时用函数设置 Picture 属性值。

格式 1：将图形文件显示在图片框中。

图片框对象名.Picture=LoadPicture（"图形文件名"）

格式 2：清除图片框图像。

图片框对象名.Picture=LoadPicture

2）AutoSize 属性：确定图片框如何与图形相适应。该属性为一个逻辑值：

False（默认）：图片框控件的大小将保持不变，超出控件区域的内容被裁剪掉；

True：图片框自动调整大小以显示整幅图形。

注意，当 AutoSize=True 时，图片框尺寸的改变，可能影响其他控件在窗体上的正常显示。

3）CurrentX 和 CurrentY 属性：设置当前输出点的坐标。

（2）图片框的事件和方法。

图片框也能响应 Click、DbClick、Resize 等事件，还能使用 Cls、Print、Move 等方法，在充当输出控件时与窗体有很多相通的特性。

（3）图片框的使用。

例 3-13 用图片框的 Picture 属性显示图片。

创建一个工程，并在窗体添加 1 个图片框 Picture1，然后编写窗体的 Load 事件过程，利用 LoadPicture 函数在图片框中显示一张图片（注意：自己应该在 D:\下先存放一个指定文件名的图片文件），代码如下：

```
Private Sub Form_Load()
    Me.Caption = "图片框"
    Picture1.AutoSize = True
    Picture1.Picture = LoadPicture("D:\玫瑰花.gif")
    Me.Width = Picture1.Width + 100
    Me.Height = Picture1.Height + 500
    Picture1.Top = 0
    Picture1.Left = 0
End Sub
```

程序运行结果如图 3-24 所示。

图 3-24   图片框显示图片

说明：

可以直接在窗体上用函数 LoadPicture 加载和显示图片。例如，可把上面窗体中的图片框删掉，且把代码修改如下，结果一样。

```
Private Sub Form_Load()
    Me.Caption = "图片框"
    Me.Picture = LoadPicture("C:\Program Files\Microsoft Visual Studio\
Common\Graphics\Bitmaps\Gauge\HORZ1.BMP")
    Me.Width = 3000
    Me.Height = 1200
End Sub
```

例 3-14 在图片框上显示字符。

创建一个工程，并在窗体上添加 1 个图片框 Picture1，利用 Print 方法分别在窗体和图片框中显示字符，代码如下：

```
Private Sub Form_Click()
    Form1.Print "在窗体上输出数据", 8000
    Picture1.Print "在图片框中输出数据", 8000
End Sub
```

```
Private Sub Form_Load()
    Form1.Caption = "窗体中的小窗体—图片框"
    Form1.FontSize = 10
    Picture1.FontSize = 10
End Sub
```

程序运行结果如图 3-25 所示。

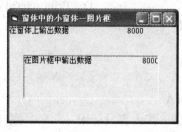

图 3-25 使用窗体和图片框输出字符

习题 3

一、单项选择题

1．语句 s=s+1 的正确含义是（   ）。

   A．变量 s 的值与 s+1 的值相等   B．将变量 s 的值存到 s+1 中去

   C．将变量 s 的值加 1 后赋给变量 s   D．变量 s 的值为 1

2．假设已使用变量声明语句：Dim date_1 As Date，则为变量 date_1 正确赋值的语句是

（   ）。

   A．date_1=date("1/1/2005")   B．date_1=#1／1／2005#

   C．date_1=1/1/2005   D．date_1="#1／1／2000#"

3．下列叙述中正确的是（   ）。

   A．一个程序代码行只能写入一个语句。

   B．当用 Print 输出多个输出项时，可以使用冒号"："作为输出项间的分隔符

   C．赋值语句结束时，可以使用分号或逗号作为结束符

   D．在字符型数据中，起止界限符必须使用英文的双撇号，而不能使用中文双引号

4．下列程序段执行后，输出结果是（   ）。

```
a = 0: b = 1
a = a + b: b = a + b
Print a; b
a = a + b: b = a + b
Print a; b
a = b - a: b = b - a
Print a; b
```

   A．1　2   B．3　5   C．1　2   D．1　2

     3　4   2　3   3　4　3   5

     3　4   1　2   2　3　2   3

5．语句 Print "Sqr(16)=";Sqr(16)的输出结果为（   ）。
    A．Sqr(16)=Sqr(16)　　　　　　　B．Sqr(16)=4
    C．"4="4　　　　　　　　　　　　D．4=Sqr(16)

6．设 a="12"，b="34"，下列语句能显示"34-12"的是（   ）。
    A．Print Val(b)-Val(a)　　　　　　B．Print b-a
    C．Print b;Chr(45);a　　　　　　　D．Print Asc(a) & "-" & Asc(b)

7．以下程序段的输出结果是（   ）。
```
x = "ABC": y = "abc"
m = LCase(x): n = UCase(y)
Print Mid(m + n, 3, 2)
```
    A．Ca　　　　　　B．cA　　　　　　C．cea　　　　　　D．ca

8．标签控件能显示文本信息，其内容只能用（   ）属性获得。
    A．Alignment　　　B．Visible　　　C．Caption　　　D．BorderStyle

9．以下程序段的运行结果是（   ）。
```
Const st As String = "ABCD"
st = "1234"
st = st + "6"
```
    A．ABCD　　　　B．1234　　　　C．ABCDl234　　　D．显示出错信息

10．以下（   ）控件不支持 DblClick。
    A．CommandButton　　　　　　　B．PictureBox
    C．Label　　　　　　　　　　　　D．TextBox

11．要使某控件在程序运行时不起作用，应对其（   ）属性进行设置。
    A．Enabled　　　B．Caption　　　C．Font　　　D．Visible

12．标签和文本框都可以显示文本，它们的主要区别是：（   ）中文本是只读文本，（   ）中的文本为可编辑文本。
    A．标签；文本框　　　　　　　　B．文本框；标签
    C．标签；标签　　　　　　　　　D．文本框；文本框

13．若将文本框的（   ）属性设置为 True，则运行时用户不能修改文本框中的内容。
    A．Enabled　　　B．Visible　　　C．Locked　　　D．MuhiLine

14．为了在按下回车键时执行某个命令按钮的事件过程，需要把该命令按钮的（   ）属性值设置为 True。
    A．Value　　　　B．Default　　　C．Cancel　　　D．Enable

15．假设 Text1 是某文本框的名称，下列语句中正确的是（   ）。
    A．Text1.Height=600　　　　　　B．Text1.Print 123
    C．Text1.Caption="新标题"　　　　D．Text1.Name="文本框"

16．在 Command1_Click ( ) 事件过程中用 Dim 语句定义一个变量，则（   ）。
    A、该变量在 Command1_Click ( ) 事件过程中有效
    B、该变量在 Command1 的所有事件过程中有效
    C、该变量在本窗体内的所有函数或过程中有效
    D、该变量在本工程所有窗体和模块中的函数或过程中有效

17．设有语句：Label1.Caption=InputBox("输入标题","新标题","旧标题")，执行后，在

输入对话框中不输入内容就直接按下回车键，则（　　　）。

    A．标签 Label1 的标题内容是"新标题"

    B．标签 Label1 的标题内容是"旧标题"

    C．标签 Label1 的标题内容不能确定

    D．标签 Label1 的标题内容为空白

18．执行语句 M = MsgBox("结束运行吗?", vbYesNoCancel + vbQuestion)时，显示的消息框是（　　　）。

    A.   B.

    C.   D.

19．在默认情况下，InputBox 函数返回值的类型为（　　　）。

    A．字符串　　　　B．变体　　　　C．数值　　　　D．数值或字符串

20．MsgBox 函数的返回值类型是（　　　）。

    A．数值　　　　B．日期　　　　C．字符串　　　　D．变体

21．能在当前窗体上输出信息的语句是（　　　）。

    A．Picture1.Print "你好!"　　　　B．Print "你好!"

    C．Printer.Print "你好!"　　　　D．Debug.Print "你好!"

22．能够产生下图所示对话框的正确 Visual Basic 语句是（　　　）。

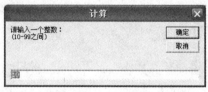

    A．x = InputBox("请输入一个整数：+ vbCrLf + (10-99 之间)", "计算", 10)

    B．x = InputBox("请输入一个整数：" + vbCrLf + "(10-99 之间)", "计算", 10)

    C．x = InputBox("请输入一个整数：(10-99 之间)" + vbCrLf, "计算", 10)

    D．x = InputBox("请输入一个整数：(10-99 之间) + vbCrLf ", "计算", 10)

23．程序运行时，要使文本框（TextBox）获得焦点，则需使用（　　　）方法。

    A．Change　　　B．SetFocus　　　C．GotFocus　　　D．Move

24．在窗体上画出一个名为 HScroll1 的水平滚动条和一个名为 Label1 的标签。要想通过改变滚动条滑块的位置来调节标签中显示文字的大小，可满足此功能的语句是（　　　）。

    A．Label1.FontName = HScroll1.Max

    B．Label1.FontSize = HScroll1.Min

    C．Label1.FontSize = HScroll1.Value

    D．Label1.FontBold = HScroll1.Value

25．单击滚动条两端的任一个滚动箭头，将触发该滚动条的（　　　）事件。

    A．Scroll　　　　　B．KeyDown　　　C．Change　　　　　D．DragOver

26．为了使文本框（TextBox）能够显示多行文字，必须设置的关键属性是（　　　）。

    A．MaxLength>0　　　　　　　　　B．MultiLine=True

    C．ScrollBars=Both　　　　　　　　D．BorderStyle=None

二、填空题

1．为了使文本框具有垂直滚动条，应将_____属性设置为 True，再将_____属性设置为_____。

2．要在标签 Label1 上显示"a*b="，所使用的语句是_____。

3．确定一个控件大小的属性是_____和_____。

4．为了使标签中的标题（Caption）内容居中显示，应将 Alignment 属性值设置为_____。

5．要使文本框 Text1 具有焦点，应执行的语句是_____。

6．在窗体上已经建立了 1 个文本框 Text1 和 1 个标签 Label1，下面程序运行后，在文本框中显示的内容是_____，在标签上显示的内容是_____。

```
Private Sub Form_Load()
    Show
    Text1.Text = "编程技术"
End Sub
Private Sub Text1_Change()
    Label1.Caption = "程序设计"
End Sub
```

7．设在窗体上已经建立了 2 个文本框 Text1、Text2 和 1 个标签 Label1，简单说明以下事件过程代码的作用（说明当发生什么事件时完成什么功能）。

```
Private Sub Text1_GotFocus()
    Text1.SelStart = 0
    Text1.SelLength = Len(Text1.Text)
End Sub
Private Sub Text2_Change()
    Label1.Caption = Text1.Text
End Sub
```

Text2 发生_____事件，完成_____功能。

Text1 发生_____事件，完成_____功能。

8．在窗体上画 1 个滚动条 HScroll1 和 1 个文本框 Text1，要使每次单击滚动条两端箭头、单击滚动的滚动块与两端箭头之间的空白区域以及拖动滚动条的滚动块时，文本框的内容能够反映滚动条的值，请完成以下程序代码。

```
Private Sub HScroll1_Change()
    Text1.Text = HScroll1._____
End Sub
Private Sub HScroll1_Scroll()
```

```
    Text1.Text = HScroll1. _____
End Sub
```

实验 3

一、实验目的

（1）掌握数据输入的三种方法：赋值语句、InputBox 函数、用文本框。
（2）掌握数据输出的三种方法：窗体的 print 方法、MsgBox 函数、用文本框和标签等。
（3）掌握标签、命令按钮、文本框的常用属性、重要事件和基本方法。

二、实验内容

（一）运行实例程序，体会各程序的功能。

实例 1　Print 方法的应用一，用 Print 方法输出数据。

```
Private Sub Form_Click()
    Dim a As Integer, b As Integer
    a = 3:b = 5
    Print "a="; a; ","; "b="; b
    Print "a+b="; a + b
End Sub
```

运行结果解析：

运行结果如图 3-26 所示。第一个 Print 方法后面带双引号的"a="、", "、"b="为字符串常量，在窗体上原样输出；a 和 b 为变量，输出变量空间中存放的值；所以第一行的输出内容为：a=3，b=5。第二个 Print 方法带双引号的"a+b="为字符串常量，原样输出；a+b 为算术表达式，计算结果为 8，输出结果 8；所以第二行的输出内容为：a+b=8。

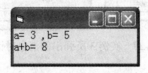

图 3-26　实例 1 运行结果

实例 2　Print 方法的应用二：Tab 函数和 Spc 函数的使用。

```
Private Sub Form_Click()
    Print "123456789"
    Print Tab(7); "上机实验"
    Print "第三章"; Spc(8); "Print 方法"
    Print "Tab 函数", "Spc 函数"
    Print Spc(4); "控制输出位置"
End Sub
```

运行结果解析：

运行结果如图 3-27 所示。第一个 Print 方法输出的内容是用来方便观察后面各输出行的位置的。第二个 Print 方法中的 Tab(7)用于将输出位置定位在第 7 列上，因此"上机实验"从第 7 列开始输出。第三个 Print 方法中的 Spc(8)用来输出 8 个空格分隔"第三章"和"Print 方法"这两个内容。第四个 Print 方法中，字符串"Tab 函数"和"Spc 函数"分开输出是因为使用了"，"分隔符的原因。第四个 Print 方法用来控制输出位置的是 Spc 函数。

图 3-27   实例 2 运行结果

实例 3   MsgBox 函数的使用。

```
Private Sub Commandl_C1iCk()
    Dim r As Integer
    MsgBox "最简单的 MsgBox"
    r = MsgBox("复杂的 MsgBox", vbYesNo + vbCritical + vbDefaultButton2, "你看到了么?")
    Print "你按的值为"; r
End Sub
```

运行结果解析：

图 3-28 的左图是由第一个 MsgBox 语句弹出的消息对话框，在该消息对话框中因为只设置了提示信息，因此只在对话框的中间有提示信息内容显示；右图是由"r=MsgBox("复杂的MsgBox"，vbYesNo+vbCritical + vbDefaultButton2，"你看到了么?")"语句弹出的消息对话框，中间的提示信息由第一个参数设定，"是"和"否"两个按钮由 vbYesNo 设定，红色的叉图标由 vbCritical 设定，"否"作为默认按钮由 vbDefaultButton2 设定。参见表 3-1。

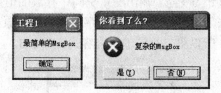

图 3-28   实例 3 所弹出的消息对话框

图 3-29 的左图是单击了对话框的"是"按钮以后，在窗体上显示的内容；右图是单击了对话框的"否"按钮以后，在窗体上显示的内容。"6"和"7"分别是 Msgbox 函数的返回值，参见表 3-2。

图 3-29   实例 3 的输出结果

实例 4   编写一个华氏温度与摄氏温度之间转换的程序，运行界面如图 3-30 所示。要求：

（1）单击"华氏转摄氏"按钮，则将华氏温度转换为摄氏温度；

（2）单击"摄氏转华氏"按钮，则将摄氏温度转换为华氏温度。

华氏温度与摄氏温度之间转换的公式是：

$$F = \frac{9}{5}C + 32$$

式中：F 为华氏温度值；C 为摄氏温度值。

分析：编写程序时，应注意以下问题：

（1）文本框中存放的是 String 类型数据，为了程序正常运行，应通过 Val()函数将字符串转换为数值类型。

（2）变量 c 或 f 应该通过 Text1.Text、Text2.Text 分别获得。

操作步骤：

（1）在窗体上画 2 个标签控件用于显示标示信息，2 个文本框用于输入数据，2 个命令按钮。并按照图 3-30 所示设置各控件对象的属性。

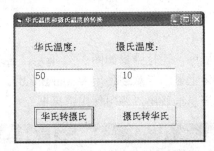

图 3-30　实例 4 的运行界面

（2）对华氏转摄氏 Command1 编写代码如下：

```
Private Sub Command1_Click()
    Dim f As Double, c As Double        '使用变量
    f = Val(Text1.Text)
    c = 5 / 9 * (f - 32)
    Text2.Text = Str(Format(c, "0.00"))    '保留两位小数
End Sub
```

（3）运行程序，观察结果。

（4）摄氏温度转化为华氏温度与此相似，请读者自行完成。

实例 5　在窗体上画 1 个图片框，加载一张图片。再在下方画 1 个水平滚动条，当单击水平滚动箭头或单击水平滚动箭头与滚动块之间的区域或拖动水平滚动块时，能使图片左右往返移动。要求设计的用户界面如图 3-31 所示。

图 3-31　实例 5 的界面

操作步骤：

（1）在窗体上画 1 个图片框和 1 个滚动条。通过修改图片框控件的 picture 属性，为图片框添加载一张图片。通过设置滚动条的 Min 和 Max 属性设置滚动块的取值范围；通过设置 LargeChange 和 SmallChange 属性设置滚动块每次移动的大小；通过读取 Value 属性的值得到

滚动块当前在滚动条中的位置。

（2）代码实现如下：

```
Private Sub Form_Load()
    Hscroll1.min=0
    Hscroll1.max=form1.width-picture1.scalewidth-200
    Hscroll1.largechange=(form1.width-picture1.scalewidth)/50
    Hscroll1.smallchange=(form1.width-picture1.scalewidth)/50
    Picture1.left=0:picture1.top=200
End sub
Private sub Hscroll1_change()
    Picture1.left=hscroll1.value
End sub
```

（3）运行程序，观察结果，体会滚动条控件的使用方法。

（二）程序设计题。

1．建立一个简单的应用程序，运行结果如图 3-32 所示，要求：

（1）单击窗体，则在窗体上显示"欢迎使用 Visual Basic"。

（2）双击窗体，则弹出消息框输出"练习使用消息框"。

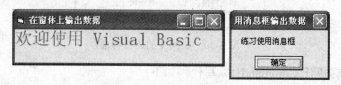

图 3-32　第 1 题程序界面

2．建立一个应用程序，用文本框分别输入变量 a 和 b 的值，单击窗体时，在窗体上输出如图 3-33 所示格式的内容。

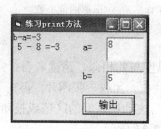

图 3-33　第 2 题窗体显示内容

3．建立一个简单的应用程序，通过输入对话框输入一个正数，使用平方根函数 Sqr 求得该数的平方根，使用信息对话框输出结果。

4．建立一个简单的应用程序，画 1 个标签和 3 个命令按钮，并按下面表 3-3 所示设置标签的属性。程序运行时，标签始终在窗体上水平居中，界面如图 3-34 所示。

表 3-3　标签属性

控件名称	属性	值
Label1	caption	你好
	AutoSize	true

（1）单击"放大"按钮，则文字"你好！"放大；

（2）单击"缩小"按钮，则文字"你好！"缩小；

（3）单击"结束"按钮，则结束程序的运行。

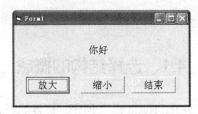

图 3-34　第 4 题程序界面

5．建立一个简单的应用程序，其窗体界面如图 3-35 所示，要求：

（1）单击"输入"按钮，则将光标定位在第一个文本框，并清空其内容；

（2）单击"大写转小写"按钮，则将文本框 1 中的大写字母转换为小写字母显示在文本框 2 中；

（3）单击"小写转大写"按钮，则将文本框 1 中的小写字母转换为大写字母显示在文本框 2 中。

图 3-35　第 5 题程序运行界面

6．在窗体上画 1 个文本框和"往左"、"往右"、"居中" 3 个命令按钮，文本框中显示"Left 属性的使用"。要求：

（1）单击"往左"按钮时，文本框移到窗体的左侧。

（2）单击"往右"按钮时，文本框移到窗体的右侧。

（3）单击"居中"按钮时，文本框在窗体中水平居中。

提示：移动文本框可使用文本框的 Left 属性。

7．在窗体上画 1 个命令按钮 Command1 和 1 个标签 Label1，两个控件的 Visible 属性均为 False，按钮的标题是"显示"。运行程序后，单击窗体时显示出命令按钮，再单击命令按钮时则显示出标签，并在标签上显示"您已下达显示命令"。

8．拖动滚动条 HScroll1 中的滑块，使标签框 Label1 中文字的字号在 10～60 之间改变，并且保持 Label1 位于窗体水平中央位置。程序运行界面如图 3-36 所示，滚动条和标签的属性要求在程序代码中设置。

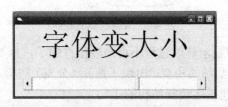

图 3-36　第 8 题程序界面

第4章 选择结构程序设计

4.1 选择结构的概念

在第 3 章介绍了最简单的 Visual Basic 语言程序，机器执行语句的顺序就是语句书写的顺序，写在前面的语句先执行，写在后面的语句就后执行，这种执行语句的过程叫顺序执行，导致顺序执行的语句结构叫顺序结构。只包含顺序结构的程序像流水账一样，只能解决简单的、顺序性的问题。有些问题仅用顺序结构是不能解决的，例如，计算税款问题。

根据税法，当某人月收入超过 3000 元时，超过部分应缴纳个人所得税。现假设按 5%纳税，要求写程序完成根据月收入 income，计算应交税款 tax 的程序。

分析：根据题意，得到税款计算公式，并书写计算税款的流程如图 4-1 所示。

$$tax = \begin{cases} 0 \dots\dots\dots\dots\dots\dots\dots income \leqslant 3000 \\ (income\text{-}3000)*0.05 \dots\dots\dots income > 3000 \end{cases}$$

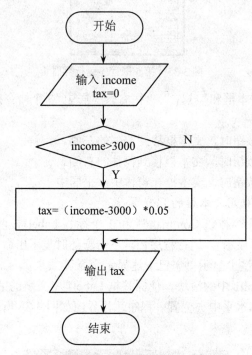

图 4-1 计算税款流程图

从流程图可以看出，问题求解的过程不再是顺序性的了，需要对输入的月收入 income 进行判断，再决定计算其应该交纳的税款，出现了选择（分支）结构，为了描述选择结构，Visual Basic 语言也提供了对应的能描述选择结构的语句。

● If...Then

- If...Then...Else
- Select Case

选择结构的特点是：根据所给定的选择条件为真（即条件成立）与否，决定从各实际可能的不同操作分支中，选择执行某一分支的相应操作，并且任何情况下均有"无论分支多寡，必择其一；纵然众多，仅选其一"的特征。

关于选择结构的意义及流程图的描述方法在"大学计算机基础"课程中已经讲过，这里不再赘述。

4.2　条件表达式

在使用选择结构语句时，要用条件表达式描述选择条件。条件表达式一般分为两类：关系表达式和逻辑表达式。条件表达式的取值为逻辑值（也称为布尔值）：真（True）和假（Flase）。

4.2.1　关系表达式

在程序中，表示相等、不等、大于、小于等关系的运算称为关系运算或比较运算，用关系运算符把两个表达式连接起来就构成关系表达式。在 Visual Basic 中使用的关系运算符共有 6 种，如表 4-1 所示。

表 4-1　关系运算符

运算符	名称	关系表达式示例	结果
<	小于	3<5	True
<=	小于或等于	"3"<="5"	True
>	大于	3>5	False
>=	大于或等于	3>=5	False
=	等于	"ab"="a"	False
<>	不等于	3<>5	True

说明：

①关系运算符的两侧可以是数值表达式、字符型表达式或日期型表达式，也可以是常量、变量或函数。

②关系表达式正确编译的条件是：关系运算符两侧表达式的数据类型相同或可以自动转换为相同。先计算各表达式的值，然后进行关系比较，若关系成立，则返回 True(-1)，否则返回 False(0)。

③关系表达式中，比较的两个操作数类型不同，比较的方式不同：

如果比较的两个操作数是数值型，则按其值的大小比较；

如果比较的两个操作数是日期型数据，将日期看成 yyyymmdd（年 4 位、月 2 位、日 2 位）的 8 位整数，按数值的大小比较；

如果比较的两个操作数是字符型，则按字符的 ASCII 码值从左到右一一比较，一旦出现不同的字符便停止比较，其中 ASCII 码值大的字符所在的字符串大，常见字符值的大小如下："空格"<"0"<…<"9"<"A"<…<"Z"<"a"<…<"z"<"任何汉字"

④带小数点的单精度数和双精度数不能进行相等比较，因为计算机上进行浮点运算总是有误差。

⑤各关系运算符的优先级相同，运算时按其出现的顺序从左到右执行。

4.2.2 逻辑表达式

逻辑表达式也称为布尔表达式，是用逻辑运算符（也称为布尔运算符）连接若干关系表达式或逻辑值而构成的式子。例如，数学中的不等式：$0 \leq x < 10$，在 Visual Basic 程序中用关系表达式和逻辑表达式等价写为：x>=0 And x<10。

Visual Basic 提供的逻辑运算符有：And、Or、Not、Xor、Eqv 等，其中最常用的是 And、Or 和 Not，其次是 Xor，如表 4-2 所示。逻辑运算符中，只有 Not 是单目运算符（只有一个数参加运算），其余都是双目运算符（有两个数参加运算）。

表 4-2　逻辑运算符

运算符	名称	说明	例子	结果
And	与	两个表达式均为真，结果才为真，两个表达式中只要有一个为假，结果为假	(4>5) And (3<4)	False
			(4<5) And (3<4)	True
Or	或	两个表达式中只要有一个为真,结果为真,只有两个表达式均为假,结果才为假	(4>5) Or (3<4)	True
			(4>5) Or (3>4)	False
Not	非	表达式为真，结果为假，表达式为假，结果为真，进行取"反"操作	Not(1>0)	False
			Not(1<0)	True
Xor	异或	两个表达式的逻辑值不同时，结果为真，两个表达式的逻辑值相同时，结果为假	(4>5) Xor (3<4)	True
			(4<5) Xor (3<4)	False

说明：

①逻辑运算符两侧都是数值数据，则将数值数据转换为二进制的补码数，1 表示真，0 表示假，进行按位逻辑运算，结果为一个十进制数。

例如，若把各表达式中数值转换为 8 位二进制补码数，最高为符号位，0 表示正数，1 表示负数，则：

(10 And 7)相当于(00001010 And 00000111)，结果为 00000010，即十进制数的 2

(10 Or 7)相当于(00001010 Or 00000111)，结果为 00001111，即十进制数的 15

②如果在一个表达式中含有算术运算、字符串运算、关系运算和逻辑运算，则按运算符的优先级先作算术运算，其次作字符串运算，再作关系运算，最后做逻辑运算（参见表 4-3）。

4.2.3 运算符的优先顺序

Visual Basic 语言中各种运算符的优先顺序如表 4-3 所示。

表 4-3　运算符的优先顺序

优先顺序	运算符类型	运算符
1	算术运算符	^ （指数运算）
2		- （负数运算）

续表

优先顺序	运算符类型	运算符
3		*、/（乘除运算）
4		\（整数除法）
5		Mod（求余数运算）
6		+、-（加减运算）
7		&、+（字符串连接运算）
8	关系运算符	=、<>、<、>、<=、>=
9		Not（非运算）
10	布尔运算符	And（与运算）
11		Or、Xor（或运算、异或运算）

说明：

①同级运算按照它们从左到右出现的顺序进行计算。

②可以用括号改变优先顺序，强令表达式的某些部分优先执行。

③括号内的运算总是优先于括号外的运算，在括号内，运算符的优先顺序不变。

例 4-1 设变量 x=4，y=-1，a=7.5，b=-6.2，求表达式 x+y>a+b And Not y<b 的值。

分析：可以用括号来说明表达式实际的运算顺序：

x+y>a+b And Not y<b 运算顺序为：((x+y)>(a+b)) And (Not(y<b))

创建一个工程，为窗体编写一个 Click 事件过程：

```
Private Sub Form_Click()
    x = 4: y = -1: a = 7.5: b = -6.2
    Print "x + y > a + b And Not y < b="; x + y > a + b And Not y < b
    Print "((x+y)>(a+b))and (not(y<b))="; ((x + y) > (a + b)) And (Not (y < b))
End Sub
```

运行程序后，单击窗体，在窗体上显示的结果如图 4-2 所示，由此说明 Visual Basic 程序在执行时，是严格按规定的优先顺序来执行各种运算操作的。

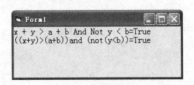

图 4-2 例 4-1 程序的运行情况

4.3 选择结构程序设计

条件语句也可简称为 If 语句，是在 Visual Basic 中实现双分支选择结构程序最常用的语句，程序根据条件表达式的取值不同，而执行不同的操作。

4.3.1 条件语句

条件语句是 Visual Basic 中描述选择（分支）结构程序最常用的语句，语句根据条件表达式的取值情况，选择执行不同的操作，根据描述的选择关系，有多种选择语句的形式。

（1）If…Then 语句。

1）单行结构格式。

If 条件表达式 Then 语句

2）块结构格式。

If 条件表达式 Then

　　　语句块

End If

[功能] 计算"条件表达式"，如果为"真"，则执行"语句"。如图 4-3 所示表示了其功能。

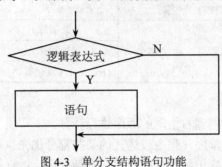

图 4-3　单分支结构语句功能

说明：

①这里的"条件表达式"可以是逻辑表达式、关系表达式或数值表达式，如果以数值表达式作条件，Visual Basic 将这个值解释为 True 或 False：零对应 False，非零对应 True。

②当程序执行到该语句时，首先计算条件表达式的值，若条件表达式的值为 True，则执行 Then 后面的语句或语句块，否则（条件表达式的值为 False）直接执行下一语句（单行结构）或 End If 后的下一条语句（块结构）。

（2）If…Then…Else 语句。

1）单行结构格式。

If 条件表达式 Then 语句 1 Else 语句 2

2）块结构格式。

If 条件表达式 Then

　　　语句块 1

Else

　　　语句块 2

End If

[功能] 首先计算条件表达式的值，如果值为 True，执行 Then 后面的语句块 1；如果值为 False，执行 Else 后面的语句块 2。如图 4-4 所示表示了其功能。

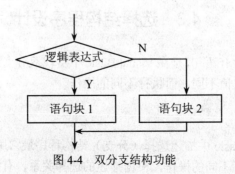

图 4-4　双分支结构功能

例 4-2　编写程序，将 2 个输入数据从大到小输出。程序流程如图 4-5 所示。

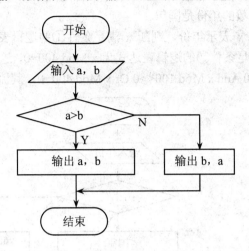

图 4-5　例 4-2 流程图

设计步骤：

①新建一个工程。在窗体上画 2 个文本框用于输入 2 个数据、1 个标签用于输出结果和 1 个命令按钮。

②根据流程图编写代码，运行结果如图 4-6 所示。

```
Private Sub Command1_Click()
    a = Val(Text1.Text): b = Val(Text2.Text)
    If a > b Then Label3.Caption = a & "   " & b Else Label3.Caption = b & "      " & a
End Sub
Private Sub Form_Load()
    Form1.Caption = "将 2 个数从大到小输出"
    Label1.Caption = "第一个数：": Label2.Caption = "第二个数："
    Text1.Text = "": Text2.Text = ""
    Label3.Caption = ""
    Label3.BorderStyle = 1
    Command1.Caption = "从大到小输出"
End Sub
```

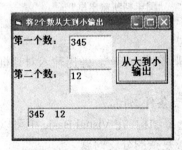

图 4-6　例 4-2 运行结果

程序中的 If…Then…Else 语句也可以换成块 If…Then…Else…EndIf 结构。

例 4-3　提示用户输入 1 个年份，然后显示输出该年份是否为闰年。判断某个年份是闰年的条件为：

①能被 4 整除，但不能被 100 整除的年份都是闰年。

②能被 400 整数的年份是闰年。

分析：用变量 x 表示年份，判断 x 满足条件①的逻辑表达式为 x Mod 4=0 And x Mod 100<>0，判断 x 满足条件②的逻辑表达为 x Mod 400=0，这样判断 x 满足闰年年份的条件可以写为：x Mod 4=0 And x Mod 100<>0 Or x Mod 400=0，其流程图如图 4-7 所示。

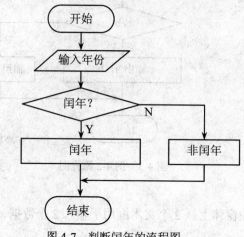

图 4-7   判断闰年的流程图

程序设计步骤如下：

①在窗体上添加 1 个命令按钮 Command1。

②编写程序代码。

```
Private Sub Form_Load()
    Form1.Caption = "是闰年吗？"：    Command1.Caption = "判断闰年"
End Sub
Private Sub Command1_Click()
    Dim x As Integer
    x = Val(InputBox("请输入一个年份: ","年份输入框"))
    If x Mod 4 = 0 And x Mod 100 <> 0 Or x Mod 400 = 0 Then
        MsgBox Str(x) + "是闰年",,"闰年判断输出框"
    Else
        MsgBox Str(x) + "非闰年",,"闰年判断输出框"
    End If
End Sub
```

程序运行后，单击命令按钮"判断闰年"，弹出输入对话框，输入年份，弹出输出消息框，说明该年份是否为闰年。

（3）条件语句嵌套及多分支条件语句。

为了在程序中实现多分支选择结构，在 Visual Basic 中可以嵌套使用 If 语句，以及带 ElseIf 块的 If 语句，以方便处理一些较复杂的分支问题。

1）If 语句的嵌套。

在 If 语句的语句块中含有 If 语句称为 If 语句嵌套。

说明：

①在 Visual Basic 中，分支结构的嵌套层数没有限制。按一般习惯，为了使分支结构更具

可读性，总是用缩排方式（锯齿型）书写分支结构的代码正文部分。

②对于多行结构的 If 语句要保证 If…EndIf 配对出现。多个 If 嵌套时，If 与 EndIf 是由里向外层层配对的。

例 4-4 判断肥胖问题。输入某人的身高（H，cm）和体重（W0，kg），按照下列方法判断其体重情况。

①标准体重=(身高-110)公斤。

②体重超过标准体重 5 公斤则过胖。

③体重低于标准体重 5 公斤则过瘦。

根据判断条件，画出流程图如图 4-8 所示，使用两分支的块 If 结构写出程序如下，运行结果如图 4-9 所示。

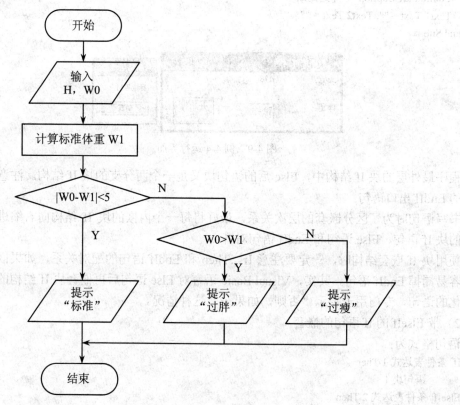

图 4-8　例 4-4 算法流程图

程序设计步骤：

①在窗体上画 2 个标签 Label1～Label3，显示说明信息，2 个文本框，输入数据。且 Label3.BorderStyle = 1，1 个命令按钮。

②编写 Command1_Click 事件过程如下。程序运行后结果如图 4-9 所示。

```
Private Sub Command1_Click()
    h = Val(Text1.Text): w0 = Val(Text2.Text)
    w1 = h - 110
    If Abs(w0 - w1) < 5 Then
        MsgBox "标准身材", , "判断结果"
    Else
```

```
        If w0 > w1 Then
            MsgBox "偏胖身材",,"判断结果"
        Else
            MsgBox "偏瘦身材",,"判断结果"
        End If
    End If
End Sub
Private Sub Form_Load()
    Form1.Caption = "判断肥胖问题"        '以下的属性值也可以直接在属性窗口中设置
    Label1.Caption = "身高："
    Label2.Caption = "体重："
    Command1.Caption = "开始判断"
    Text1.Text = "": Text2.Text = ""
End Sub
```

图 4-9　例 4-4 运行界面

程序最外层的块 If 结构中，Else 后的语句块又是一个两分支的块 If 结构。注意各自都有自己的 EndIf 出口语句。

书写语句时为了区分嵌套的层次关系，最好将每一个内嵌的块 If 结构向右缩进几格，同一层的块 If 语句、Else 语句和 EndIf 语句对齐。

使用块 If 嵌套结构时，一定要注意 If...Then 和 EndIf 语句的配对关系，如果嵌套层数多了就容易漏掉 EndIf 语句。其实，Visual Basic 语言对 Else 语句后再嵌套块 If 结构的形式提供了简化的语句，专门用于表示"否则，如果…"这种情况。

2）带 ElseIf 的 If 语句的嵌套。

语句格式为：

```
If  条件表达式 1 Then
        语句块 1
ElseIf  条件表达式 2 Then
        语句块 2
ElseIf  条件表达式 3 Then
        语句块 3
......
ElseIf  条件表达式 n-1 Then
        语句块 n-1
[Else
        语句块 n]
End If
```

说明：

①程序依次测试各条件表达式 1、条件表达式 2、……，执行第一个条件为真的语句块，随后便执行 End If 之后的语句。如果条件表达式都为假，程序执行 Else 后面的[语句块 n]。

②ElseIf 不能写成 Else If。

功能：图 4-10 说明了带 ElseIf 的 If 语句的功能。

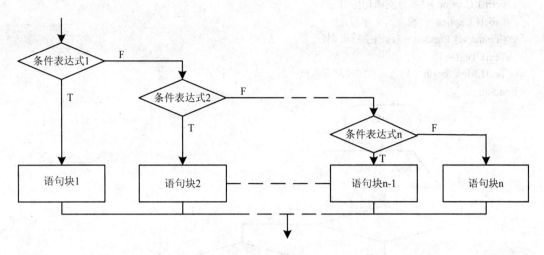

图 4-10　带 ElseIf 块多分支结构的流程图

因此，判断肥胖问题的 Command1_Click()事件过程也可以改写为不嵌套的 IF 语句程序，结果不变。

```
Private Sub Command1_Click()
    h = Val(Text1.Text): w0 = Val(Text2.Text)
    w1 = h - 110
    If Abs(w0 - w1) < 5 Then
        MsgBox "标准身材", , "判断结果"
    ElseIf w0 > w1 Then                    '引入 ElseIf 语句后，取消嵌套
        MsgBox "偏胖身材", , "判断结果"
    Else
        MsgBox "偏瘦身材", , "判断结果"
    End If
End Sub
```

例 4-5　在文本框中输入一个字符，单击命令按钮后用消息框给出该字符是数字、字母或其他字符的提示。

程序设计步骤：

①在窗体上画 1 个标签、一个文本框和 1 个命令按钮。

②求解问题的流程图如图 4-11 所示，编写程序代码如下，运行结果如图 4-12 所示。

```
Private Sub Command1_Click()
    Dim c As String
    c = Text1.Text
    If c >= "0" And c <= "9" Then
        MsgBox c & "是数字"
    ElseIf c >= "a" And c <= "z" Or c >= "A" And c <= "Z" Then
        MsgBox c & "是字母"
    Else
        MsgBox c & "是其他字符"
    End If
```

```
    End Sub
    Private Sub Form_Load()
        Form1.Caption = "多分支语句应用"
        Label1.Caption = "输入一个字符："
        Command1.Caption = "判断字符类型"
        Text1.Text = ""
        Text1.MaxLength = 1                '控制文本框中只能输入一个字符
    End Sub
```

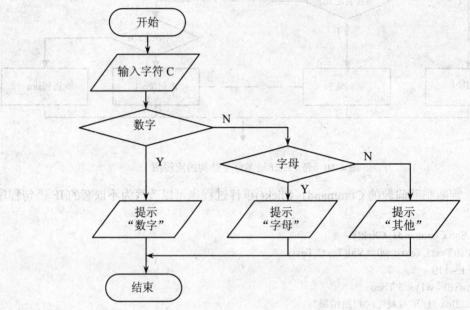

图 4-11　例 4-5 算法流程图

图 4-12　例 4-5 运行结果

4.3.2　情况选择语句 Select Case

在 Visual Basic 程序中，除了应用 If 语句嵌套实现多分支选择外，还可以使用更为方便的 Select Case 实现多分支选择结构。Select Case 语句也称为情况语句，其语法格式为：

```
    Select Case  测试表达式
        Case  取值列表 1
             语句块 1
        [Case 取值列表 2
             语句块 2]
        ……
        [Case Else
             语句块 n]
    End Select
```

[功能] 用 Select Case 实现的多分支选择结构操作的流程，可以用图 4-13 描述。

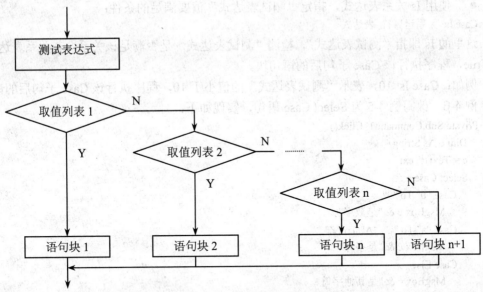

图 4-13 多条件多分支选择结构的流程图

说明：

①Select Case 情况语句的执行过程：

● 依次检测各 Case 子句中的"取值列表 1"、"取值列表 2"、……、"取值列表 n"，确定哪一个 Case 子句中的"取值列表"与"测试表达式"的值匹配，一旦遇到某个 Case 子句中的"取值列表"与之匹配便终止测试。

● 程序执行"取值列表"与"测试表达式"匹配的 Case 子句中的语句块。

● 跳过随后的所有 Case 子句，执行 End Select 之后的程序。

● 如果没有检测到与"测试表达式"匹配的"取值列表"，在 Case Else 子句存在的情况下，程序执行其随后的语句块 n，若没有 Case Else 子句，则放弃所有的 Case 子句，执行 End Select 之后的程序。

②"测试表达式"为必要参数，是任何数值表达式或字符串表达式。

③在 Case 子句中，"取值列表"为必要参数，是"测试表达式"可能取值的列表，用来测试其中的值是否与"测试表达式"的值匹配。

"取值列表"的格式有以下三种：

● 一组用逗号分隔的数值或字符串表达式的列表：

Case 表达式 1,表达式 2,……

各表达式取值之间是逻辑 Or 关系，在程序执行时，任何一个值与"测试表达式"的值相等，程序都执行该 Case 子句之后的语句块。

例如：Case 1,3,5

"测试表达式"值等于 1、3、5 中的任何一个数，程序都会执行随后的语句块。

● 使用 To 指定"取值列表"的取值范围：

Case 低值表达式 To 高值表达式

只要"测试表达式"的值在指定的低值与高值之间，程序便执行该 Case 子句之后的语句块。例如：Case 30 To 70

"测试表达式"的值满足"30≤测试表达式≤70",程序执行该 Case 子句后的语句块。

● 使用 Is 关系表达式,指定"测试表达式"值要满足的条件:

Case Is 关系运算符 表达式

这里的 Is 即指"测试表达式",检测"测试表达式"是否满足该关系,若关系表达式的值为 True,程序执行该 Case 子句后的语句块。

例如:Case Is<10,表示"测试表达式"的值小于 10,程序执行该 Case 子句后的语句块。

例 4-6 改写例 4-5 为 Select Case 语句,实现如下:

```
Private Sub Command1_Click()
    Dim c As String
    c = Text1.Text
    Select Case c
        Case "0" To "9"
            MsgBox c & "是数字"
        Case "a" To "z", "A" To "Z"
            MsgBox c & "是字母"
        Case Else
            MsgBox c & "是其他字符"
    End Select
End Sub
Private Sub Form_Load()
    Form1.Caption = "情况语句应用"
    Label1.Caption = "输入一个字符: "
    Command1.Caption = "判断字符类型"
    Text1.Text = ""
    Text1.MaxLength = 1
End Sub
```

程序功能不变,但语句精练许多。读者也可以将例 4-4 判断肥胖问题改写为 Select Case 语句书写的程序。

4.3.3 IIf 函数

Visual Basic 语言还提供了能描述双分支关系的 IIf 函数:

[格式] IIf(条件表达式,"真"的返回值,"假"的返回值)。

[功能] 函数分别返回"条件表达式"为真和为假时的取值。"真返回值"和"假返回值"可以是任何表达式。

例 4-7 用键盘输入一个整数,判断该数的奇偶性。

程序设计步骤:

①在窗体上画 1 个命令按钮 Command1、1 个文本框 Text1 用于输入数据和 1 个标签 Label1。
②编写程序代码如下,运行结果如图 4-14 所示。

图 4-14 例 4-7 运行界面

```
Private Sub Command1_Click()
    Dim x As Integer, y As String
    x = Val(Text1)
    y = IIf(x Mod 2 = 0, "偶数", "奇数")
    Text2.Text = y
End Sub
Private Sub Form_Load()
    Form1.Caption = "IIF 函数应用"
    Command1.Caption = "开始判断"
    Text1.Text = ""
    Label1.Caption = "判断结果：": Label2.Caption = "判断结果："
End Sub
```

本例用函数 IIf() 实现了二分支选择程序的操作，比分支语句简洁很多。

4.4　配合选择功能的控件

应用程序常需要提供选项让用户选择，如 Word 中的"字体"、"字号"等。Visual Basic 提供的单选按钮和复选框就可以为用户提供简单的、事先准备好的选项。在选择程序中配合这些有选择功能的控件可以设计出友好、方便的界面。

4.4.1　框架

框架（Frame）控件是容器控件，可以对窗体中各种功能控件进一步分组摆放。例如，将各种选项按钮控件分隔开，使其各组之间的选择操作不相互影响。

框架使用最多的属性是 Name、Caption 和 Font。能响应 Click 和 DblClick 事件。

在使用框架时要注意：

（1）在大多数的情况下，框架控件的用法是比较"消极的"，我们用它对控件进行分组，但是通常没有必要响应它的事件。

（2）在使用框架控件对其他控件进行分组时，应该先绘出框架控件，然后再绘制框架内部的其他控件。这样在移动框架的时候，可以同时移动它包含的控件。

（3）要将控件加入到框架中，只需将它们绘制在框架的内部即可。如果将控件绘制在框架之外，或者在向窗体添加控件的时候使用了双击方法，然后将它移动到框架控件内部，那么控件将仅仅"位于"框架的顶部，在进行移动的时候将不得不分别移动框架和添加的控件。

如果希望将已经存在的若干个控件放在某个框架中，可以先选择相应的控件，使用工具栏中的"剪切"按钮或按 Ctrl+X 组合键将它们剪切到剪贴板上，然后在窗体上画出框架控件，选定框架，使用工具栏中的"粘贴"按钮或按 Ctrl+V 组合键，将原有控件移回到框架中。

（4）要选择框架中的多个控件，在使用鼠标拉框包围控件的时候需要按下 Ctrl 键。在释放鼠标的时候，位于框架之内的控件将被选定。

4.4.2　单选按钮

单选按钮（OptionButton）主要用于多种选项中选择一项的情况。它是一个标有文字说明的圆圈〇，选中它后圆圈中出现一个黑点；没有选中时，圆圈中间的黑点消失。

单选按钮必须成组出现，用户在一组单选按钮中必须选择一项，并且最多只能选择一项。

参看图 4-15。

（1）常用属性。

单选按钮（OptionButton）除常用的 Name，Enabled，Visible，Height，Width，Top，Left，BackColor，ForeColor，Font 等属性外，特别要关注的属性有：

1）Value 属性：返回或设置 OptionButton 控件的选择状态，该属性值为逻辑值：

True   表示已选择该按钮

False   表示没有选择该按钮（缺省值）

2）Alignment 属性：决定 OptionButton 控件中的文本与控钮的位置关系。该属性取值为：

vbLeftJustify   0   文本在右边，控件钮在左边（缺省值）

vbRightJustify   1   文本在左边，控件钮在右边

3）Caption 属性：设置单选按钮边上的文本标题。默认值为 Option1，Option2，…。

4）Style 属性：设置单选按钮的外观（参看 4-16 左边选项组），在程序运行时是只读的，只能在设计时设置，其值为：

VbButtonStandard   0   标准方式，显示为带标签的选项按钮（缺省的）

VbButtonGraphical   1   图形方式，显示为上下切换的按钮（表示选中与否）

（2）事件。

单选按钮可以接收 Click 事件。当程序运行时单击单选按钮，或在代码中改变单选按钮的 Value 属性值（从 False 改为 True），将触发 Click 事件。

例 4-8   编写如图 4-15 所示的四则运算程序。输入第一个数和第二个数之后，再单击图中任意一个单选按钮，就能按单选按钮的指示完成计算，并在"计算结果"文本框中输出结果。

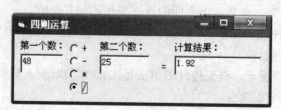

图 4-15   例 4-8 四则运算界面

程序设计步骤：

①在窗体上画 4 个单选按钮、3 个文本框和 4 个标签 Label1，并调整位置。

②编写程序代码如下：

```
Private Sub Option1_Click()
    Text3.Text = Val(Text1.Text) + Val(Text2.Text)
End Sub
Private Sub Option2_Click()
    Text3.Text = Val(Text1.Text) - Val(Text2.Text)
End Sub
Private Sub Option3_Click()
    Text3.Text = Val(Text1.Text) * Val(Text2.Text)
End Sub
Private Sub Option4_Click()
    If Val(Text2.Text) <> 0 Then
        Text3.Text = Val(Text1.Text) / Val(Text2.Text)
```

```
        Else
            Text3.Text = "除数为 0，计算无效"
        End If
End Sub
```

根据题意，要求单击某个命令按钮时则完成相应运算，故选择单选按钮的 **Click** 事件。

例 4-9　利用单选按钮设计如图 4-16 所示功能的程序，要求单击某个单选按钮时，文本框内的文字就呈现相应字号。

图 4-16　例 4-9 运行结果

程序设计步骤：

①在窗体上画 1 个框架，然后在框架中画 3 个单选按钮和 1 个文本框，将文本框的 MultiLine 设置为 true。

②编写 Option1、Option2、Option3 的 Click 事件过程如下：

```
Private Sub Form_Load()
    Form1.Caption = "单选按钮选择字号"
    Frame1.Caption = "选择字号": Text1.Text = "单选按钮应用"
    Option1.Caption = "10 号": Option2.Caption = "20 号"
    Option3.Caption = "30 号"
End Sub
Private Sub Option1_Click()
    Text1.FontSize = 10
End Sub
Private Sub Option2_Click()
    Text1.FontSize = 20
End Sub
Private Sub Option3_Click()
    Text1.FontSize = 30
End Sub
```

程序运行后，单击某个单选按钮，则文本框中文字就变成相应字号大小。

4.4.3　复选框

复选框（CheckBox）又称为选择框或检查框，它是一个标有文字说明的方框□，选中它后方框中出现打钩标记√，未选中则为空。利用复选框可以列出供用户选择的多个选择项，用户根据需要选中其中的一项或多项，也可以一项都不选。

复选框控件与单选按钮控件在使用方面的主要区别是：在一组单选按钮控件中只能选中一项，而且必须选择一项；而在一组复选框控件中，可以同时选中多个选项，也可以一项都不选。

（1）常用属性。

复选框（CheckBox）除常用的 Name，Enabled，Visible，Height，Width，Top，Left，BackColor，

ForeColor，Font 等属性外，特别要关注的属性有：

1）Value 属性：返回或设置 CheckBox 控件的状态。该属性有 3 种取值：

0　　　没有被选中（缺省值）

1　　　已被选中

2　　　为变灰（变暗），禁止用户选择

2）Alignment 属性：决定 CheckBox 控件中的文本与控钮的位置关系。该属性的取值为：

VbLeftJustify　　0　　文本在右边，控件钮在左边（缺省值）

VbRightJustify　　1　　文本在左边，控件钮在右边

3）Caption 属性：设置复选框边上的文本标题。默认值为 Check1，Check2，……。

4）Style 属性：设置复选框的显示类型和行为。在程序运行时是只读的，只能在设计阶段时设置。Checkbox 控件 Style 属性的设置值为：

VbButtonStandard　　0　　标准方式，显示为带标签的复选框（缺省的）

VbButtonGraphical　　1　　图形方式，显示为能上下切换按钮（表示选中与否）

（2）事件。

复选框与单选按钮一样，也可以接收 Click 事件。程序运行时单击复选框，或在代码中改变复选框的 Value 属性值（从 0 改为 1），都将触发 Click 事件。

例 4-10　用复选框和单选按钮控制文本框中文字的格式和字号。如图 4-17 所示。

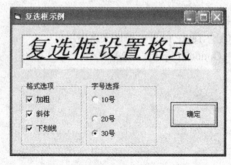

图 4-17　复选框的使用情况

程序设计步骤：

①在窗体上画 2 个框架，然后在框架中分别画 3 个复选框和 3 个单选按钮，1 个文本框，1 个命令按钮。

②编写命令按钮的 Click 事件过程如下：

```
Private Sub Command1_Click()
Select Case True
    Case Option1.Value
        Text1.FontSize = 10
    Case Option2.Value
        Text1.FontSize = 20
    Case Option3.Value
        Text1.FontSize = 30
End Select
If Check1.Value = 1 Then Text1.FontBold = True Else Text1.FontBold = False
If Check2.Value = 1 Then Text1.FontItalic = True Else Text1.FontItalic = False
```

```
    If Check3.Value = 1 Then Text1.FontUnderline = True Else Text1.FontUnderline = False
End Sub
Private Sub Form_Load()
    Form1.Caption = "复选框示例"
    Text1.Text = "复选框设置格式"
    Frame1.Caption = "格式选项"
    Check1.Caption = "加粗"：Check2.Caption = "斜体"：Check3.Caption = "下划线"
    Frame2.Caption = "字号选择"
    Option1.Caption = "10 号"：Option2.Caption = "20 号"：Option3.Caption = "30 号"
    Command1.Caption = "确定"
End Sub
```

说明：

在 Command1_Click 过程中，由于字号选择是单项的，故使用 Select Case 语句在多个选择中必选 1 项且只选 1 项。而加粗、斜体、下划线等格式可以同时出现多项，也可以一项都不选，故使用顺序的双分支语句设置，某项的出现与其他项是否出现没有任何关系。由此，提醒读者对复选框编写程序时应特别注意这个问题。

4.4.4　计时器控件

计（定）时器（Timer）是 Visual Basic 工具箱中的一个标准控件，它每隔一定时间间隔自动产生一次计时（Timer）事件。在设计时显示为一个小时钟图标，其大小是不能改变的，在运行时不会在窗体上显示。计时器默认的 Name（名称）为 Timer1，Timer2…。

（1）常用属性。

1）Enabled 属性：确定计时器是否可用，当取值为 True（默认值）时，计时器工作；当取值为 False 时，计时器会停止工作。

2）Interval 属性：用于设置或返回计时器控件在两个 Timer 事件之间的时间间隔，其值以毫秒为单位。

在为计时器控件编程时应注意：

● 计时间隔 Interval 的取值在 0～64767 之间（包括这两个数值），这意味着即使是最长的间隔也不比一分钟长多少（大约 64.8 秒）。当该属性设置为 0 时，计时器停止工作。

● 间隔并不一定十分准确。系统每秒生成 18 个时钟信号，所以即使用毫秒衡量 Interval 属性，间隔实际的精确度不会超过 1/18 秒。

（2）事件。

计时器控件只响应唯一的 Timer 事件。也就是说，计时器控件在每间隔一个 Interval 设定时间后，自动触发一次 Timer 事件。应用计时器控件的程序，都要编写 Timer 事件过程。

例 4-11　设计程序，定时改变文本框中文字的颜色。程序运行结果如图 4-18 所示。

程序设计步骤：

①在窗体上画 1 个计时器 Timer1 和 1 个文本框 Text1。计时器控件 Timer1 可以放在窗体的任何位置。

②编写程序代码如下。

```
Private Sub Form_Load()
    Me.Caption = "使用计时器示例"
    Text1.Text = "你看到颜色变化了吗？"
```

```
        Text1.FontSize = 30
        Timer1.Interval = 1000           '必须在此设置的属性
    End Sub
    Private Sub Timer1_Timer()
        Dim color As Integer
        Randomize
        color = Int(Rnd * 16)            '随机产生颜色参数
        Text1.ForeColor = QBColor(color)
    End Sub
```

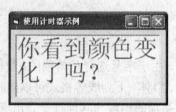

图 4-18　定时改变文字颜色

凡是使用计时器控件，必定要设置 Interval 属性的值和编写 Timer 事件过程代码。

本例中，产生的颜色参数值控制在 0~15 之间，是因为 QBColor 函数要求在此区间，详细内容请查阅 VB 中颜色值的附录。

例 4-12　建立如图 4-19 所示的电子时钟。

图 4-19　电子时钟

程序设计步骤：

①在窗体上画 1 个计时器 Timer1 和 1 个文本框 Text1。计时器控件 Timer1 可以放在窗体的任何位置。

②编写程序代码如下。

```
Private Sub Form_Load()
    Me.Caption = "电子时钟"
    Timer1.Interval = 1000           '每秒钟发生一次 Timer 事件
    Text1.Text = ""
    Text1.FontSize = 28
    Text1.Locked = True
End Sub
```

编写计时器的 Timer 事件过程，实现每隔 1 秒钟修改一次文本框中显示的时间。代码如下：

```
Private Sub Timer1_Timer()
    Text1.Text = Time
End Sub
```

运行程序，即可见到如图 4-19 所示的电子时钟。

例 4-13　设计一个流动字幕板，如图 4-20 所示。文字"程序设计很有趣哟"在窗体中自右至左地反复移动。

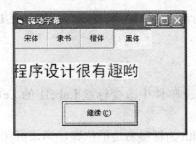

图 4-20　流动字幕

程序设计步骤：

①创建一个工程，在窗体上添加 1 个计时器 Timer1、1 个标签 Label1、1 个命令按钮 Command1、4 个单选按钮 Option1～Option4（用于设置标签显示的字体）。按图 4-20 在属性窗口设置单选按钮的属性 Caption，且 Style 属性都设置为 1，其余控件的有关属性在窗体的 Load 事件中设置。

②编写程序代码如下。

```
Private Sub Form_Load()
    Form1.Caption = "流动字幕"
    Label1.AutoSize = True：Label1.FontSize = 20：Label1.BackColor = vbWhite
    Label1.Caption = "程序设计很有趣哟"
    Command1.Caption = "开始(&S)"
    Timer1.Enabled = False
    Timer1.Interval = 5
End Sub
Private Sub Command1_Click()
    If Command1.Caption = "暂停(&S)" Then
        Command1.Caption = "继续(&C)"
        Timer1.Enabled = False
    Else
        Command1.Caption = "暂停(&S)"
        Timer1.Enabled = True
    End If
End Sub
Private Sub Timer1_Timer()
    Select Case True
        Case Option1.Value
            Label1.FontName = "宋体"
        Case Option2.Value
            Label1.FontName = "隶书"
        Case Option3.Value
            Label1.FontName = "楷体_GB2312"
        Case Option4.Value
            Label1.FontName = "黑体"
    End Select
    If Label1.Left + Label1.Width > 0 Then
        Label1.Move Label1.Left - 20                    'Label1 左移 20
    Else
```

```
        Label1.Left = Form1.ScaleWidth          'Label1 从窗体的右边开始左移
    End If
End Sub
```

说明：

①程序在定时激发的 Timer 事件中改变标签 Label1 的 Left 属性，从而改变标签的水平位置。

②Label1.Left + Label1.Width 为标签右边的位置，当该值>0，表示窗体上还能看见字幕，标签向左移动，否则标签从窗体的右边从头开始。如果希望标签在窗体上自左至右地反复移动，只需要把 Timer 事件过程中的 If 语句改为：

```
If Label1.Left < Form1.ScaleWidth Then
        Label1.Move Label1.Left + 20          'Label1 右移 20
    Else
        Label1.Left = -Label1.Width          'Label1 从窗体的左边开始右移
End If
```

其余代码不变，运行程序后，单击"开始"命令，字幕将在窗体上自左至右地反复移动。

例 4-14　设计一个流动字幕板，如图 4-21 所示。文字"你好"在窗体中左右来回移动。

图 4-21　2 个计时器控制左右流动字幕

程序设计步骤：

①创建一个工程，在窗体上添加 2 个计时器 Timer1、Timer2 和 1 个标签 Label1。

②编写程序代码如下。

```
Private Sub Form_Load()
    Me.Caption = "左右流动的字幕"
    Timer1.Interval = 500: Timer2.Interval = 500
    Timer2.Enabled = False
    Label1.Caption = "你好": Label1.FontSize = 20
    Label1.AutoSize = True
End Sub
Private Sub Timer1_Timer()
    If Label1.Left > 0 Then
        Label1.Left = Label1.Left - 200
    Else
        Label1.Left = Label1.Left + 200
        Timer1.Enabled = False
        Timer2.Enabled = True
    End If
End Sub
Private Sub Timer2_Timer()
    If Label1.Left < Me.Width - Label1.Width Then
        Label1.Left = Label1.Left + 200
    Else
```

```
      Label1.Left = Label1.Left - 200
      Timer2.Enabled = False
      Timer1.Enabled = True
    End If
End Sub
```

习题 4

一、单选题

1. 设 a=-1，b=2，下列逻辑表达式为真值的是（   ）。
    A．Not a >= 0 And b < 2　　　　　B．a * b < -5 And a / b < -5
    C．a + b >= 0 Or Not a - b >= 0　　　D．a = -2 * b Or a > 0 And b > 0

2. 描述条件"a 是大于 b 的奇数"的逻辑表达式是（   ）。
    A．a > b And Int((a - 1) / 2) = (a - 1) / 2
    B．a > b Or Int((a - 1) / 2) = (a - 1) / 2
    C．a > b And a Mod 2 = 0
    D．a > b Or (a - 1) Mod 2 = 0

3. 表示条件"X 是大于等于 5，且小于 95 的数"的条件表达式是（   ）。
    A．5 <= X < 95　　　　　　　　　B．5 <= X, X < 95
    C．X >= 5 And X < 95　　　　　　D．X >= 5 而且 X < 95

4. 关于语句 If s = 1 Then t = 1，下列说法正确的是（   ）。
    A．s 必须是逻辑型变量
    B．t 不能是逻辑型变量
    C．s=1 是关系表达式，t=1 是赋值语句
    D．s=1 是赋值语句，t=1 是关系表达式

5. 在运行期间用鼠标单击单选按钮时，按钮的（   ）属性变为真值。
    A．Caption　　　B．Value　　　　C．Visible　　　　D．TabIndex

6. 下列程序段的执行结果是（   ）。
```
x = 2: y = 1
If x * y < 1 Then y = y - 1 Else y = y + x
Print y - x > 0
```
    A．True　　　　B．False　　　　C．-1　　　　　D．1

7. 下列程序段的执行结果是（   ）。
```
a = "abcde": b = "cdefg"
c = Right(a, 3): d = Mid(b, 2, 3)
If c < d Then y = c + d Else y = d + c
Print y
```
    A．abcdef　　　B．edebcd　　　C．cdeefe　　　D．cdedef

8. 执行下述语句之后，变量 B1 的值应为（   ）。
```
Dim B1 As Boolean
B1 = -1
```

  A．1   B．-1   C．True   D．False

9．用 x，y，z 表示三角形的三条边，条件"任意两边之和大于第三边"的条件表示为（　　）。

  A．x+y＞z and x+z＞y and y+z＞x B．x+y＜z or x+z＜y or y+z＜x

  C．not(x+y＜z or x+z＜y or y+z＜x) D．x+y＞＝z or x+z＞＝y or y+z＞＝x

10．变量 A，B 不等值，将 A，B 中较大的数放入变量 A，较小的数放入变量 B 的语句是（　　）。

  A．If A＜B Then A=B：B=A   B．If A＜B Then B=A：A=B

  C．If A＜B Then T=A：A=B：B=T D．If A＜B Then T=A：A=B：B=A

11．执行语句 Check1.Value = 1 之后，复选框 Check1 的状态应为（　　）。

  A．☐ Check1   B．☑ Check1   C．☑ Check1   D．出错

12．在二个框架 Frame 中各有一组单选按钮 OptionButton，其作用为（　　）。

  A．两组单选按钮中只有一个能被选中

  B．因有两组单选按钮，无一可被选中

  C．两组单选按钮中各有一个能被选中

  D．两组单选按钮中各有一个以上的能被选中

13．在二个框架 Frame 中各有一组复选框 CheckBox，其作用为（　　）。

  A．两组复选框中只有一个能被选中

  B．因有两组复选框，无一可被选中

  C．两组复选框中各有一个能被选中

  D．两组复选框中各有多个被选中

14．设置计时器 Timer1 触发的时间间隔为 0.5 秒，应将 Timer1 的 Interval 属性置为（　　）。

  A．0.5   B．5   C．500   D．5000

15．执行下列程序段后，变量 x 的值是（　　）。

```
x = -3
  If Abs(x) <= 2 Then x = x - 1 Else x = x + 8
  Select Case x
Case Is < 5
     x = x + 1
  Case 5 To 10
     x = x + 2
  Case Else
     x = x + 3
End Select
Print x + 1
```

  A．8   B．7   C．5   D．6

16．下面程序段的运行结果为（　　）。

```
x = 5
  y = -20
  If Not x > 0 Then x = y - 3 Else y = x + 3
  Print x - y；y – x
```

  A．-3　3   B．5　-8   C．3　-3   D．25　-25

17．下面程序段的运行结果为（　　）。

```
a = 75
   If a > 60 Then i = 1
   If a > 70 Then i = 2
   If a > 80 Then i = 3
   If a > 90 Then i = 4
   Print "i="; i
```

A．i=1   B．i=2   C．i=3   D．i=4

18．下面程序段的运行结果为（   ）。

```
x = Int(Rnd() + 4)
Select Case x
   Case 5
      Print "优秀 "
   Case 4
      Print "良好"
   Case 3
      Print "通过"
   Case Else
      Print "不通过"
End Select
```

A．优秀   B．良好   C．通过   D．不通过

19．窗体上有一个命令按钮（Commandl），设计时该按钮标题（Caption）采用默认值。完善下列按钮单击事件过程,使之运行后当第 1 次单击该按钮时,该按钮标题显示为"新按钮"；第 2 次单击该按钮时,按钮标题改为"旧按钮"；第 3 次单击该按钮时,按钮标题又恢复为"新按钮",如此反复交替显示"新按钮"和"旧按钮"。

```
Private Sub Command1_Click()
   If (    ) Then
      Command1.Caption = "旧按钮"
   Else
      Command1.Caption = "新按钮"
   End If
End Sub
```

A．Commandl.Caption = ""   B．Commandl.Caption="新按钮"

C．Commandl.Caption <> ""   D．Not Commandl.Caption="旧按钮"

20．运行下面程序时，输入 23，输出结果是（   ）。

```
If x <= 30 And x>0 Then
   If x < 15 Then
         If x < 10 Then y = 0 Else y = 1
   Else
         If x < 20 Then y = 2 Else y = 3
   End If
Else
      y = 4
   End If
```

A．1   B．2   C．3   D．4

二、多项选择题（要求在五个备选答案中选择多个正确答案）

1. 下列语句中，有语法错误的是（   ）。

    A．y = (a-1)(b-1)　　　　　　　　B．x = 2m

    C．Val(y) = m　　　　　　　　　　D．Form1.Show

    E．B$ = InputBox(Hello$)　　　　　F．Text1.Text + "Visual Basic" = Text2.Text

    G．88Label.Caption = "Label"　　　　H．x = Left("Visual Basic")

    I．If a>b-2*3 Then y = a = b　　　　J．If a>1 Not(Or b>3) Then y = 1

2. 假设 t，s，w 分别为整型、字符型、逻辑型变量，且 s="ABC"，下面错误的表达式是（   ）。

    A．t = 5 And w　　　B．s > 90　　　　C．4 * t - 1

    D．s + "s"　　　　　E．t + s

3. 下面能正确实现"如果 x < y，则 a = 10，否则 a = -10"功能的程序段是（   ）。

    A．If x < y Then a=10　　　　　　B．If x >= y Then a = 10 Else a = -10

        a=-10

    C．If x < y Then　　　　　　　　　D．If x>=y Then

        a=10　　　　　　　　　　　　　　　a = -10

        Else　　　　　　　　　　　　　　　Else

        A = -10　　　　　　　　　　　　　a = 10

        End If　　　　　　　　　　　　　End If

    E．If x < y Then a = 10

        If x >= y Then a = -10

4. 下列关于单选按钮的论述中，正确的是（   ）。

    A．单选按钮组中的所有单选按钮都采用相同的名称（Name）

    B．单选按钮的 Enabled 属性能确定该按钮是否被选中

    C．一个窗体上（不包括其他容器）的所有单选按钮一次只能有一个被选中

    D．单击单选按钮时会触发该按钮的 Click 事件

    E．在代码中采用语句 Optionl.Value=True，把单选按钮 Optionl 的 Value 属性值从原
        False 值改为 True 值，将会触发 Click 事件

5. 下列关于计时器（Timer）的论述中，正确的是（   ）。

    A．运行程序时计时器在窗体上不可见

    B．可以设置计时器的 Visible 属性使其在窗体上可见

    C．可以在窗体上设置计时器的大小（高度和宽度）

    D．计时器可以识别 Click 事件

    E．如果计时器的 Interval 属性值为 0，则计时器无效

6. 下列有关定时器控件（Timer）的语句中，无效或者错误的是（   ）。

    A．Timer1.Enabled = True　　　　　B．Timer1.Interval = -200

    C．Timer1.Visible = True　　　　　　D．Timer1.BorderStyle = 0

    E．Timer1.AutoSize = True

三、填空题

1. 征兵的条件：男性的年龄（变量名为 A）在 18~20 岁之间，身高（H）在 1.65 米以上；女性在 16~18 岁，身高在 1.60 米以上。假设性别（S）值 True 代表男，False 代表女。写出符合征兵条件的逻辑表达式：＿＿＿＿＿＿＿＿＿＿＿＿＿＿＿＿＿＿。

2. 如果要使计时器每分钟发生一个 Timer 事件，则 Interval 属性应设置为＿＿＿＿。

3. 写出下列程序段的运行结果。

```
x = Val(InputBox("Enter x"))
Select Case Sgn(x) + 2
    Case 1
        Print x + 1
    Case 2
        Print x + 2
    Case 3
        Print x + 3
End Select
```

当 x 的输入值为 3 时，输出结果是＿＿＿＿。

当 x 的输入值为-3 时，输出结果是＿＿＿＿。

当 x 的输入值为 0 时，输出结果是＿＿＿＿。

4. 下面程序判断文本框 Text1 中的数据，如果该数据"大于 100 且能被 5 整除"则清除文本框 Text2 的内容；否则将焦点定位在文本框 Text1 中，并选中其前 2 位数据在文本框 Text2 中输出。

```
Private Sub Command1_Click()
    x = Val(Text1.Text)
    If _____(1)_____ Then
        Text2.Text = ""
    Else
        Text1.SetFocus
        Text1.SelStart = _____(2)_____
        Text1.SelLength = _____(3)_____
        Text2.Text = Text1.SelText
    End If
End Sub
```

实验 4

一、实验目的

（1）掌握逻辑表达式的正确书写形式。

（2）掌握单分支、双分支、多分支结构语句的使用。

（3）掌握情况语句的使用，理解情况语句和多分支条件语句的区别。

二、实验内容

（一）运行下面实例程序，体会分支程序设计方法。

实例 1 输入一个整数，判断这个数的奇偶性。流程如图 4-22 所示，书写代码如下：

```
Private Sub command1_click()
    Dim a As Integer
    a = val(InputBox("请输入一个整数"))
    If a mod 2 = 1 Then
        MsgBox a & "是奇数"
    Else
        MsgBox a & "是偶数"
    End lf
End Sub
```

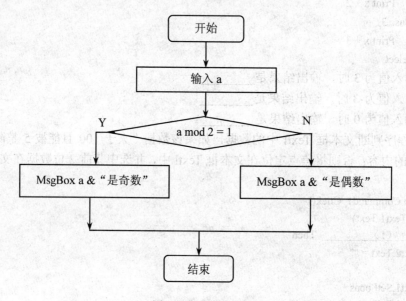

图 4-22　实例 1 流程图

程序运行时，单击 Commandl 按钮，如果在弹出的对话框中输入 66，再单击"确定"按钮，则会弹出消息框显示 66 是偶数的提示。

实例 2 设计简单的应用程序，根据输入的月份数输出其对应的季节。要求：用文本框输入，用消息框输出。

分析：根据月份 m 查询对应季节的流程图如图 4-23 所示。

操作步骤：

①新建一个标准 exe 工程。

②按图 4-24 所示的窗体界面，在窗体上画 1 个文本框和 1 个标签。

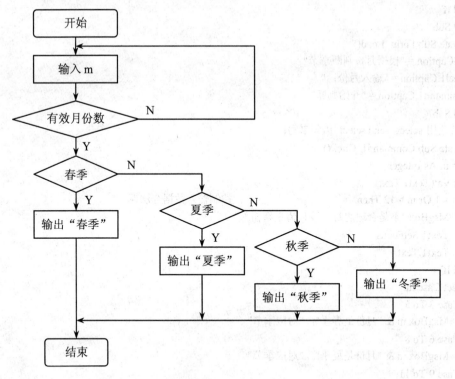

图 4-23　实例 2 流程图

图 4-24　实例 2 运行情况

③进入程序代码窗口编写程序如下：

```
Private Sub Command1_Click()
Dim m As Integer
m = Val(Text1.Text)
If m < 1 Or m > 12 Then                        '控制输入数据合法性
    MsgBox "不是合理的月份数！请重新输入"
    Text1.SetFocus
    Text1.Text = ""
End If
If m = 3 Or m = 4 Or m = 5 Then                '数据合法，再继续判断对应季节
    MsgBox m & "月份是春季", , "对应季节"
ElseIf m = 6 Or m = 7 Or m = 8 Then
    MsgBox m & "月份是夏季", , "对应季节"
ElseIf m = 9 Or m = 10 Or m = 11 Then
    MsgBox m & "月份是秋季", , "对应季节"
ElseIf m = 12 Or m = 1 Or m = 2 Then
    MsgBox m & "月份是冬季", , "对应季节"
```

```
End If
End Sub
Private Sub Form_Load()
Me.Caption = "根据月份判断季节"
Label1.Caption = "输入月份："
Command1.Caption = "开始判断"
End Sub
```

或者改用 select—end select 语句书写：

```
Private Sub Command1_Click()
Dim m As Integer
m = Val(Text1.Text)
If m < 1 Or m > 12 Then                    '控制输入数据合法性
    MsgBox "不是合理的月份数！请重新输入"
    Text1.SetFocus
    Text1.Text = ""
End If
Select Case m
    Case 3 To 5
    MsgBox m & "月份是春季", , "对应季节"
    Case 6 To 8
    MsgBox m & "月份是夏季", , "对应季节"
    Case 9 To 11
    MsgBox m & "月份是秋季", , "对应季节"
    Case 12, 1, 2
    MsgBox m & "月份是冬季", , "对应季节"
End Select
End Sub
```

实例 3　输入圆的半径 r，利用单选按钮，选择计算：面积、周长、体积。要求：程序运行后显示如图 4-25 所示的界面，当用户输入完数据后，单击命令按钮，则完成计算并输出计算结果。

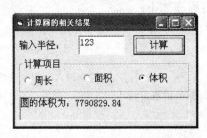

图 4-25　实例 4 窗体界面

操作步骤：

①在窗体上添加 2 个标签、1 个文本框、1 个命令按钮和 1 个框架，在框架内添加 3 个单选按钮。

②编写代码如下：

```
Private Sub Command1_Click()
    r = Val(Text1.Text)           '获取半径值
    Select Case True
```

```
        Case Option1.Value
          c = 3.14 * 2 * r
            Label2.Caption = "圆的周长为：" & c
        Case Option2.Value
          s = 3.14 * r ^ 2
            Label2.Caption = "圆的面积为：" & s
        Case Option3.Value
          v = 3.14 * 4 / 3 * r ^ 3
            Label2.Caption = "圆的体积为：" & v
      End Select
End Sub
Private Sub Form_Load()        '设置窗体界面
Me.Caption = "计算圆的相关结果": Command1.Caption = "计算"
Label1.Caption = "输入半径："：Frame1.Caption = "计算项目"
Option1.Caption = "周长": Option2.Caption = "面积": Option3.Caption = "体积"
Text1.Text = ""
Label2.Caption = "": Label2.BorderStyle = 1
End Sub
```

（二）程序设计与调试。

1. 看图写程序：键盘输入一个字符，判断是大写字母、小写字母、其他字符。根据图 4-26 所示流程图写出程序并运行调试。

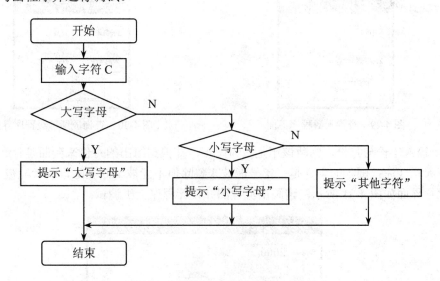

图 4-26　看图写程序流程图

2. 公用电话收费标准如下：通话时间在 3 分钟以内，收费 0.5 元；3 分钟以上，则每超过 1 分钟加收 0.15 元。编写程序，计算某人通话 S 分钟，应缴多少电话费。请画出程序流程图并设计程序上机调试。程序运行窗体界面如图 4-27 所示。

3. 利用文本框输入用户密码（假设密码为 123456），单击"检查"按钮后，检查输入的密码是否正确，并通过消息对话框显示"对不起，密码错误"或"密码正确，欢迎你用机"，程序运行情况如图 4-28 所示。请画出流程图并设计程序上机调试。

图 4-27   通话收费窗体界面

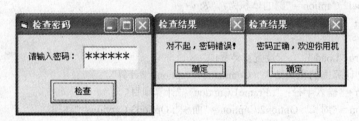

图 4-28   密码检查程序运行界面

4. 查询各月的天数（不考虑闰年），运行结果如图 4-29 所示。请画出流程图并设计程序上机调试。

5. 查询百分制成绩的等级，运行结果如图 4-30 所示。请画出流程图并设计程序上机调试。

图 4-29   查询天数程序界面

图 4-30   查询成绩等级程序界面

6. 输入年份与月份，判断该年是否为闰年，并根据给出的月份来判断是什么季节和该月有多少天？（注：闰年的条件是：年号能被 4 整除但不能被 100 整除，或者能被 400 整除），程序运行界面如图 4-31 所示，请画出流程图并设计程序上机调试。

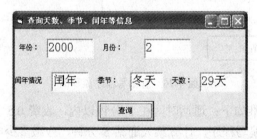

图 4-31   查询天数、季节、闰年等信息程序界面

7. 根据下面公式编写如图 4-32 所示运行界面的程序，在文本框中分别输入父亲和母亲身高之后，单击"男孩"或"女孩"单选按钮，即在标签 Label 中输出预测结果。

儿子成年身高（cm）=(父亲身高＋母亲身高)×1.08/2

女儿成年身高（cm）=(父亲身高×0.923＋母亲身高)/2

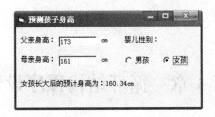

图 4-32　预测孩子身高程序界面

8．设计屏幕保护程序，要求：

（1）运行程序时，窗体上无任何控件；

（2）单击窗体，则在窗体上出现 1 个文本框，并且文本框的位置和颜色定时随机变化（文本框一定落在窗体中）；

（3）双击窗体结束程序。

9．在窗体上创建 3 个 Label 控件，其初始位置与窗体左边对齐。程序运行后，Label 控件均能显示成随机改变背景色和长度的彩条。

10．设计程序实现如下功能：

程序运行后，标签中文字"你好"静止不动，单击"放大"按钮，则文字"你好"自动定时放大且字号不得超过 70；单击"缩小"按钮，则文字"你好"自动定时缩小且字号不得超过 1，在此过程中标签始终在窗体上水平居中，界面如图 4-33 所示。单击"结束"按钮则程序结束运行。

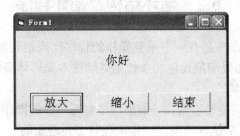

图 4-33　"放大"、"缩小"程序界面

第 5 章　循环结构程序设计

本章介绍循环的概念，循环结构设计的基本方法和技术，用循环语句书写循环程序的方法。

5.1　循环概念

顺序结构和分支结构部分讲述的所有程序，每执行一次只能处理一个（或一组）数据，如果需要处理多个（或多组）数据势必只能一次又一次地执行程序，这就失去了用计算机处理问题的优势。其实可以在程序中安排控制重复执行一组指令（或一个程序段），这种操作称为循环操作。导致循环操作的语句结构叫循环结构。

循环结构分为无条件循环和有条件循环。无条件循环就是无休止地反复执行一个程序段，而有条件循环就是每次执行程序段之前需要根据设置的条件判断是否继续循环。

5.2　循环结构及循环程序

循环结构有两个特点，一是有一个重复操作的程序块或语句组，称为循环体；二是要判断是否满足设定的条件，如果满足设定的条件则继续进入循环体操作，如果不满足设定的条件则退出循环体终止循环操作。

程序对循环体的操作只能是有限次，如果程序对循环体的操作不能终止，就是所谓的"死循环"，会导致程序无法正常执行结束，这是编程时必须避免的。

例 5-1　已知数列的第 1，2 项均为 1，从第 3 项开始，以后各项的值均为其前两项之和，写程序输出该数列的前 10 项值或末项的值超过 10^4 为止。

分析：设 a 表示第 1 项，b 表示第 2 项，c 表示第 3 项，可以用递推法不断得到后面各项，具体过程如下：

次数	A 的值	B 的值	C 的值
第 0 次	0	0	0
第 1 次	1	1	2
第 2 次	1	2	3
第 3 次	2	3	5
第 4 次	3	5	8
…	…	…	…

用流程图表示此过程如图 5-1 所示。

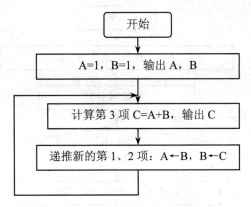

图 5-1 产生数列项的流程

从流程图看，为了得到要求的数列项，经过不断递推得到新的第1、2项，可以顺利得到新的第 3 项，周而复始，可以得到数列的若干项。问题是何时结束程序呢？在图上确实也没有"结束"框。显然根据这样的流程图写出的程序会出现"死循环"，这是设计程序时必须解决的问题。

解决程序"死循环"的办法就是采用"条件循环"，即根据问题提供的条件为循环结构人为设置"出口"，当问题得到解答后程序自动结束，退出程序执行状态，返回操作系统。

5.2.1 设计循环程序的基本原理

通过分析例 5-1，可以总结出构造循环结构的三个要素：
（1）初始化。为进入循环结构作好准备，对变量赋初值。
（2）设计循环体。常用的方法是递推、迭代、穷举。
（3）设置循环出口。采用"计数"或"设置条件"等方法。
在面对实际问题时，首先要弄清楚需做的"循环体"工作是什么，怎么控制循环体执行的次数，哪些工作应该在循环体外做准备。本节将通过例子进行说明。
（1）用"计数"方法设置循环出口。
如果问题中已经提供了"循环体"将要循环的次数 N，则可以使用"计数"的方式为循环结构设置出口，具体方法如下：
任意设置一个变量 I（当然也可以是其他变量）作为计数器，I 的初值设为 0，每执行一次"循环体"，计数器就计数一次（I=I+1），然后判断 I 的值是否已经达到 N（是否已经计满？），如果没有计满则返回"循环体"继续执行，否则不再返回"循环体"，直接跳出循环结构。计数器的值逐步递增称为"正向计数"，如果将 I 的初值设为 N，然后 I 的值逐步递减，直到 I 的值变为 0，则称为"反向计数"。
对例 5-1 提出的"产生数列前 10 项"，则可以用计数方式为循环结构设置出口，避免出现"死循环"。
设计数器 I=0，画出流程图如图 5-2 和 5-3 所示的判断过程。图 5-2 和图 5-3 都能自动地控制产生数列的前 10 项。

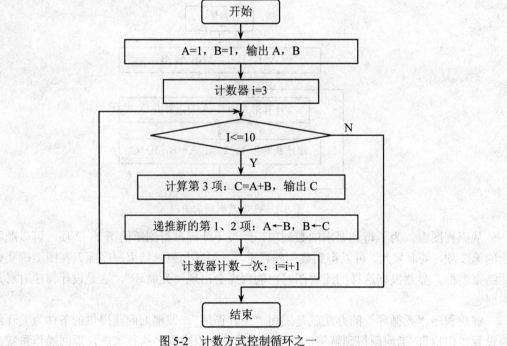

图 5-2　计数方式控制循环之一

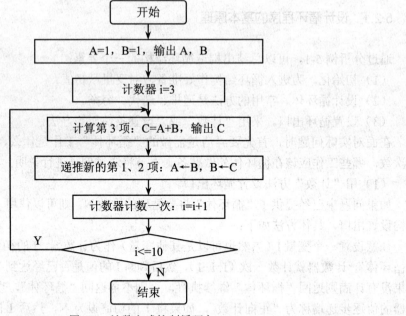

图 5-3　计数方式控制循环之二

（2）用"条件"设置循环出口。

有的问题不能提供循环体执行的次数，程序设计者可以针对问题的特点人为设置"条件"，约定其作为跳出循环结构的信号。

假设例 5-1 改为：要求末项的值超过 10^4 为止。由于不知道将产生多少数据项，则可以用条件"末项的值超过 10^4"作为控制循环结束的依据。流程图 5-4 和流程图 5-5 均能按要求产生数据序列。

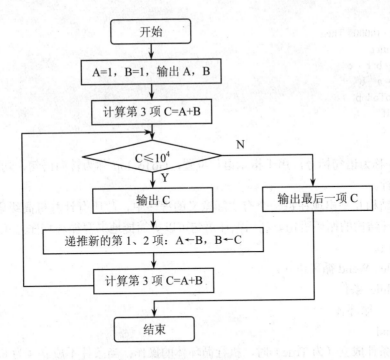

图 5-4　用"条件"设置循环出口之一

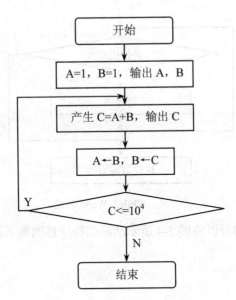

图 5-5　用"条件"设置出口之二

5.2.2　用循环语句书写循环程序

为了描述循环结构，可以用 Visual Basic 语言的分支和转向语句书写出循环程序，例如书写图 5-4 所示功能的程序如下：

```
Private Sub Form_Click()
    a = 1: b = 1
    Print a; b
```

```
        c = a + b
lop:    If c <= 10000# Then
            Print c
            a = b: b = c
            c = a + b
            GoTo lop
        End If
        Print c
End Sub
```

其中，lop:称为语句标号，用于指示语句位置，GoTo lop 称为转向语句，功能为转向 lop 所指语句去执行。

由于循环结构几乎出现在每一个有实际意义的程序中，故所有计算机高级语言均提供了专门的描述循环结构的循环语句。利用循环语句可以更简捷地书写循环程序，免去书写判断、转向语句的麻烦。

（1）While...Wend 循环语句。

[格式]　While 条件

　　　　　　　循环体

　　　　Wend

[功能] 当条件成立（为 True）时，执行循环体的操作；当条件不成立（为 False）时，终止循环体的操作。用流程图描述其功能如图 5-6 所示。

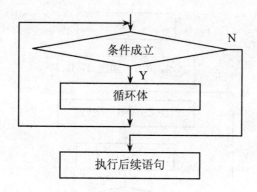

图 5-6　While...Wend 功能

利用 While...Wend 语句可以将图 5-4 所示功能的程序修改如下：

```
Private Sub Form_Click()
    a = 1: b = 1
    Print a; b
    c = a + b
While c <= 10000#
    Print c
    a = b: b = c
    c = a + b
Wend
Print c
End Sub
```

（2）Do...Loop 循环语句。

Visual Basic 提供的 Do...Loop 循环语句具有完整的语法格式，能实现各种形式的循环程序。细分起来，Do...Loop 循环语句共有五种语法格式，下面分别介绍之。

1）无条件循环型。

[格式]　Do

　　　　　　循环体

　　　　Loop

[功能] 用流程图描述语句功能如图 5-7 所示。

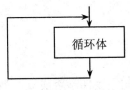

图 5-7　无条件循环型

说明：由于该语句结构无条件重复执行循环体中的操作，使程序无法正常结束，这是设计程序时应该避免的结果。

2）当型循环。

当型循环语句的功能如图 5-8 所示。

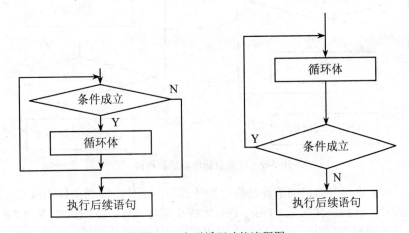

图 5-8　当型循环功能流程图

"当条件成立（True）时，执行循环体的操作；当条件不成立（False）时，终止循环操作"。所以带"While 条件"的 Do...Loop 循环语句结构称为当型循环。前测试型结构在每次执行循环体的操作之前测试条件，称为当型循环前测试型。后测试型结构是在每次循环体的操作执行完之后，才测试条件，称为当型循环后测试型。

实际上，前测试型的 Do While...Loop 和 While...Wend 语句功能是相同的，只是 Do While...Loop 语句中允许用 Exit Do 语句退出循环操作，而 While...Wend 语句不行。

比较流程图结构，可以看到图 5-3 的流程图可以用 Do...Loop While 后测试型语句翻译如下：

```
Private Sub Form_Click()
    a = 1: b = 1
    Print a; b;
    i = 3
    Do
            c = a + b
            Print c;
            a = b: b = c
            i = i + 1
    Loop While i <= 10
End Sub
```

显然，不管 Do...Loop While 语句中条件是否成立，循环体的操作至少被执行一次。

3）直到型循环。

```
前测试型
[格式]　Do Until  条件
            循环体
        Loop
```

```
后测试型
[格式]　Do
            循环体
        Loop Until  条件
```

直到型循环语句的功能如图 5-9 所示。

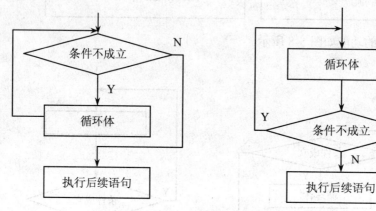

图 5-9　直到型循环功能流程图

Do Until...Loop 语句中给出的条件是终止循环操作的条件，即当条件不成立（Fasle）时，执行循环体的操作；直到条件成立（True）时，才终止循环操作。带"Until 条件"的 Do...Loop 循环语句结构称为直到型循环。前测试型在程序每次执行循环体的操作之前，首先测试条件，称为直到型循环前测试型。后测试型是在每次循环体的操作执行完之后，才测试条件，称为直到型循环后测试型。

显然，不管 Do...Loop Until 语句中条件是否成立，循环体的操作至少被执行一次。

其实，对于采用"计数"方式设置循环出口的"当型前测试型"循环结构，Visual Basic 语言还专门提供了一个循环语句来对应描述，这就是下面介绍的 For 循环结构语句。

（3）For...Next 循环语句。

如果知道要执行的循环操作次数，或间接知道要执行循环操作的次数，这样的循环程序常用 For...Next 语句实现。

[格式]　For v=e1 To e2 [Step e3]

　　　　　　循环体

　　　　Next [v]

[功能]　For…Next 语句的功能可用图 5-10 所示的流程图描述如下。

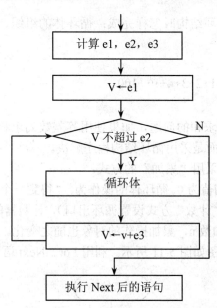

图 5-10　For…Next 语句执行过程

说明：

①For…Next 语句组成了一种循环结构，必须成对出现，For 语句必须在 Next 语句之前。

②For 语句中的循环变量与 Next 语句中的循环变量必须为同一变量，Next 语句中的循环变量可以省略。若 e3 为+1，则"Step 1"可以省略。

③e1、e2 和 e3 都是数值表达式，是循环的初值、终值和步长值。

如果 e3＞0，则为递增循环，图中的"V 不超过 e2"，意义为"V≤e2"；

如果 e3＜0，则为递减循环，图中的"V 不超过 e2"，意义为"V≥e2"；

如果 e3=0，将出现死循环。

④可以在循环体中的任何位置放置 Exit for 语句，随时退出循环操作。

对照 For…Next 语句功能,例 5-1 产生数列问题的几种方法中,只有图 5-2 可以用 For…Next 语句翻译程序如下：

```
Private Sub Form_Click()
    a = 1: b = 1
    Print a; b;
    For i = 3 To 10
        c = a + b
        Print c;
        a = b: b = c
    Next i
End Sub
```

For…next 语句将计数器初始化、循环条件判断、计数器递增 3 个工作都包含在语句中了，书写的循环程序结构清晰，简洁。

5.3　循环程序设计举例

本节将用例子说明构造循环结构时怎样完成：循环体的组织、设置循环出口的方法、初始化工作设置。

例 5-2　求 $\sum_{n=i}^{100} n$，即求 S=1+2+3+4+…+100。

分析：这是一个等差数列求和的问题，如果使用等差数列求和公式当然可以很轻松地求出结果，但是现在不用公式，而是采用循环结构程序解决。

解决"求和"问题，往往采用"累加"的方式。

可以设置一个累加器 S，初值为 0。循环体的操作为："得到一个加数 n，完成累加 S=S+n"，循环体执行的次数为 100（用"计数"方式设置循环出口），计数器的初值为 0（表示一次都没累加）。在循环体内只要变化加数 n，累加操作的对象也随之变化。

根据上述思路，画出流程图如图 5-11 所示。利用 For…Next 语句可以写出对应程序如下：

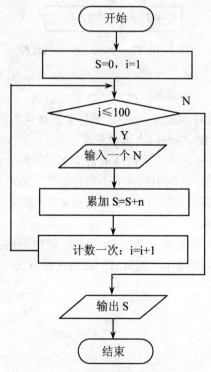

图 5-11　例 5-2 算法流程图

```
Private Sub Form_Click()
Dim s As Single
Dim n as integer, i As Integer
```

```
s = 0
For i = 1 To 100
  n = Val(InputBox("输入一个加数："))          '用键盘读数方式获得加数
s = s + n                                      '累加求和
Next i
Print s
End Sub
```

程序中试图通过每次读入一个加数 N 实现"得到加数"操作，逻辑上没有问题，但实施起来有难度（从键盘输入 100 个数几乎不可能！）。其实每次要得到的加数就是当前的 I，因此循环变量的当前值也是加数。另外，如果将循环次数通过 inputbox 函数在执行程序时确定，可以将这个程序修改成更具有通用性的程序。

```
Private Sub Form_Click()
  s = 0
  n = Val(InputBox("输入 n："))                '用键盘读数方式获得加数的个数
  For i = 1 To n
    s = s + i                                  '累加求和
  Next i
  Print s
End Sub
```

执行程序时，如果输入的 n=100，则 S=1+2+3+…+100，如果输入的 n=500，则 S=1+2+3+…+500。

例 5-3 求 $\sum\limits_{n=i}^{100} n!$

分析：这也是一个求和问题，只是加数的获得需做点工作。仍然可以设置一个累加器 S=0，由于 2! =1! *2，3! =2! *3，因此采用递推方式可以依次得到加数项 1!，2!，…，100!，故设加数项 FACT=1。循环体的工作是"得到加数项，做和"。循环体循环的次数是 100 次。画出流程图如图 5-12 所示。Visual Basic 语言程序代码如下：

```
Private Sub Form_Click()
  s = 0: fact = 1
  n = Val(InputBox("请输入 n:"))              '输入求和的项数
  For i = 1 To n
    fact = fact * i                           '获得加数项
    s = s + fact                              '实施累加
  Next i
  Print s
End Sub
```

如果将输入改为从文本框获得数据，在标签中显示结果，可以自己写出程序试一试。

例 5-4 判断键盘输入的数 M 是否是素数。要求按图 5-13 所示界面完成输入和输出。

分析：根据数学知识，整数 M 如果是素数，则它只能有 1 和 M 两个约数。换一种说法，整数 M 是否为素数，可以考察它是否能被 2，3，…，M-1 整除，如果 2，3，…，M-1 都不能整除 M，则 M 是素数，否则 M 不是素数。（另外根据数的特性，可以只考察 2，3，…，M/2 或 $\sqrt{M}$ ）。画出流程图如图 5-14 所示。

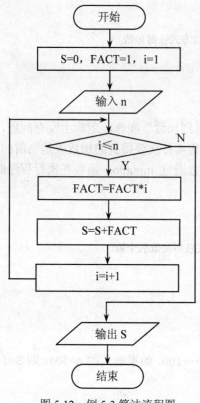

图 5-12 例 5-3 算法流程图

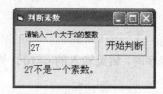

图 5-13 例 5-4 界面

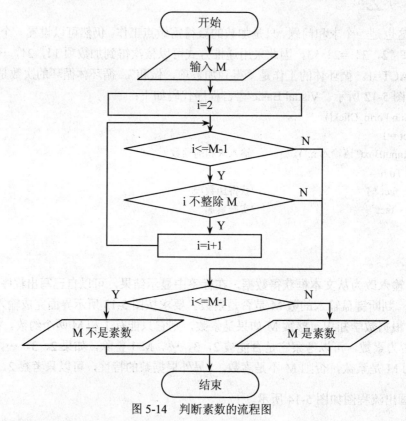

图 5-14 判断素数的流程图

从图上可以看出，当发现某个数 I 是 M 的约数时将不再继续循环（非正常出口，此时还有未考察到的数！），直接跳出循环结构。由于循环结构出现了两个出口，为了判断是哪个出口出来的，所以紧接着还要判断一次，如果此时 I≤M-1 成立，说明找到了 M 的一个约数，是非正常出口出来的，M 不是素数，否则，M 是素数。书写 Visual Basic 程序代码如下：

```
Private Sub Form_Load()
    Form1.Caption = "判断素数"：Frame1.Caption = "请输入一个大于 2 的整数"
    Command1.Caption = "开始判断"
End Sub
Private Sub Command1_Click()
    m = Val(Text1.Text)
    For i = 2 To m-1
        If m Mod i = 0 Then Exit For          'n 被某个数整除，不是素数，结束循环
    Next
    If i <= m-1 Then                          'n 已经被某数整除，不是素数
        Label1.Caption = m & "不是一个素数。"
    Else
        Label1.Caption = m & "是一个素数。"
    End If
    Text1.SetFocus
End Sub
```

例 5-5 在文本框 1 中输入一个字符串，再单击"检查"命令按钮，若字符串中包含非数字字符，则在标签中显示出错信息。设计程序完成此功能。

设计步骤：

①新建一个工程。在窗体上画 1 个文本框用于输入字符串、1 个标签用于输出结果和 1 个命令按钮。

②设计思路分析。

使用循环语句，依次取出字符串中的每一个字符，判断其是否为数字，若发现非数字字符则停止检查，给出出错信息。画出"检查"的流程如图 5-15 所示。

③根据流程图编写代码如下：

```
Private Sub Command1_Click()
    Dim s As String, c As String * 1
    s = Text1.Text
    For i = 1 To Len(s)
    c = Mid(s, i, 1)
     If Not (c >= "0" And c <= "9") Then
            Label1.Caption = "包含了非数字字符"
            Exit For
     End If
    Next i
    End Sub
    Private Sub Form_Load()
    Form1.Caption = "循环处理字符串中字符"
    Frame1.Caption = "输入字符串："
    Text1.Text = "": Command1.Caption = "检查"
  End Sub
```

程序运行后，在文本框中输入一串字符，再单击命令按钮，结果如图 5-16 所示。本例中对循环非正常出口的处理，使用 Exit For 语句强行跳出循环实现。

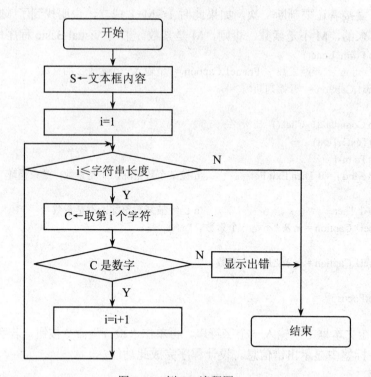

图 5-15　例 5-5 流程图

图 5-16　循环处理字符串中字符示例界面

例 5-6 求出 1000 到 1100 之间的所有素数，并从大到小显示在文本框中。

分析：从 1100 开始到 1000，对其各个数依次进行测试，判断是否是素数，若是，便连接到输出字符串中，若不是，则放弃，测试下一个数。显然这里需要双重的 For 循环，外层循环生成各个数，内层循环测试其是否是素数。

程序设计步骤：

①在窗体上画 1 个框架 Frame1、1 个文体框 Text1（显示求得的素数）和 1 个命令按钮 Command1，程序界面如图 5-17 所示。并且在属性窗口，把文本框 Text1 的属性 MultiLine 设置为 True，属性 ScrollBars 设置为 2（为什么？）。

②参考例 5-4 的代码，编写程序如下：

```
Private Sub Form_Load()
    Frame1.Caption = "1100 到 1000 的素数"
    Command1.Caption = "计算"
```

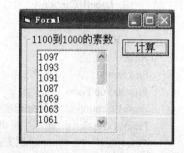

图 5-17　求多个素数

```
    Text1.Text = "":  Text1.Locked = True
End Sub
```

编写命令按钮 Command1 的 Click 事件过程，求出素数，并显示在文本框中。

```
Private Sub Command1_Click()
    ss = ""                           'ss 是存放结果的字符变量
  For m = 1099 To 1000 Step -2
      For i = 2 To m-1
          If m Mod i = 0 Then Exit For
      Next
      If i > m-1 Then
          ss = ss & n & vbCrLf         'n 是素数则连接到 ss 中
      End If
  Next
    Text1.Text = ss
End Sub
```

运行程序，单击"计算"按钮，即可得到如图 5-17 所示的运算结果。

例 5-7　按格式打印如图 5-18 所示的"九九表"。

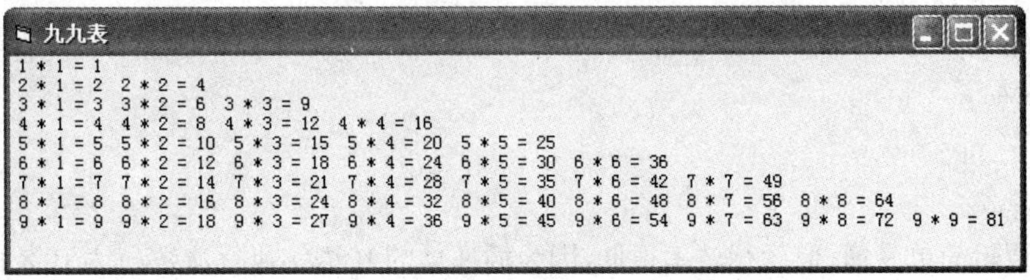

图 5-18　九九表

分析：数学课用的"九九表"，形式如图 5-18 所示。

每个算式中的第一个乘数用 I 表示，则 I=1，…，9，表示一共有 9 行，处于外层循环，算式中的第二个乘数用 J 表示，则 J=1，…，I，表示每一行有 1，2，…，I 列，处于内层循环，再配合格式输出，写出程序如下：

```
Private Sub Form_Click()
For i = 1 To 9
 For j = 1 To i
   Print i; "*"; j; "="; i * j;        '以分号（；）结束，控制不换行
 Next j
 Print                                '输出空行，取消"不换行"的控制
Next i
End Sub
Private Sub Form_Load()
Form1.Caption = "九九表"
End Sub
```

循环嵌套结构的意义很简单，也很容易掌握。在循环嵌套结构中，外层循环执行一次，内层循环变量的值就要从头至尾变化一圈。如果外层循环的次数是 r1 的话，则内层循环体就要做 r1 圈，所以内层循环体的执行次数，应该是其所有外层循环次数与内层循环次数的乘积值。

在循环嵌套结构中，内层、外层的概念是相对的，第一层循环是第二层循环的外层，第二层循环又是第三层循环的外层。只要对基本的循环结构执行过程弄清楚，处理多层循环结构也就比较容易了。

例 5-8　搬砖问题。36 块砖，36 人搬，男搬 4，女搬 3，两个小孩抬一砖。要求一次搬完，问男、女、小孩各有多少人？

分析：设男士 X 人，女士 Y 人，小孩 Z 人。根据题意可以得到方程式：

X+Y+Z=36

4X+3Y+Z/2=36

3 个未知数，2 个方程式，这是一个不定方程组，应该有多组解，无法用数学方法解，只能将所有可能的 X，Y，Z 值（即采用"穷举"的办法）一个一个地去试，看是否满足上面的方程组，只要满足则得到一组解。

根据题意可知 X 的取值范围为 0～9，Y 的取值范围为 0～12，Z 的取值范围为 0～72。利用三重循环可以罗列出所有的取值组合。下面是 Visual Basic 语言的源程序：

```
Private Sub Form_Click()
For x = 0 To 9
  For y = 0 To 12
    For z = 0 To 72
      If (x + y + z = 36 And 4 * x + 3 * y + z / 2 = 36) Then Print x, y, z
    Next z
  Next y
Next x
End Sub
```

程序逻辑简单易懂，但运行效率很低，因为循环体的 If 语句执行次数高达 $10×13×73=949$ 次。可以发现，当 X，Y 的取值确定以后，Z 的取值就可以用 Z=36-X-Y 算出，从而可以减少一层循环，再将作为"条件"的方程变换为 8X+6Y+Z=72，可以保证只有偶数的 Z 才有可能被选中。程序修改如下：

```
Private Sub Form_Click()
For x = 0 To 9
  For y = 0 To 12
    z = 36 - x - y
    If 8 * x + 6 * y + z = 72 Then Print x, y, z
  Next y
Next x
End Sub
```

内层的循环体为两个语句，执行的次数为 $10×13=130$ 次，提高了效率。可见只要对问题稍做分析，便可写出更优质的程序。

例 5-9　用级数 $\frac{\pi}{4} = 1 - \frac{1}{3} + \frac{1}{5} - \frac{1}{7} + \cdots$，求 π 的近似值，当最后一项的绝对值小于 10^{-k} 时，停止计算。

分析：设最后项为 $\frac{1}{n}$，停止计算的条件为 $\frac{1}{n} < 10^{-k}$，即级数中数据项的分母 $n > 10^{k}$。用变量 pi 保存级数和，变量 s 控制数据项的符号，画出程序的流程图如图 5-19 所示。

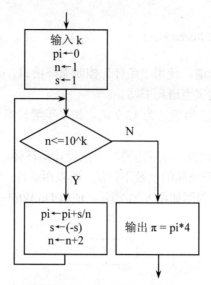

图 5-19　计算 π 值的流程图

程序设计步骤：

①在窗体上画 1 个框架 Frame1、1 个命令按钮 Command1、2 个文本框和 2 个标签，程序界面如图 5-20 所示。

图 5-20　计算 π 的窗体界面

②编写程序代码。

```
Private Sub Form_Activate()
    Me.Caption = "计算圆周率 π "
    Label1.Caption = "输入小数点后的数字位数:":
    Command1.Caption = "计算"
    Text1.Text = "":    Text1.SetFocus
End Sub
```

编写命令按钮 Command1 的 Click 事件过程，计算圆周率。代码如下：

```
Private Sub Command1_Click()
    Dim Pi As Double, n As Long
    Dim s As Integer, k As Integer
    k = Val(Text1.Text)
    n = 1: s = 1: Pi = 0
    Do While n <= 10 ^ k
        Pi = Pi + s / n
        s = -s
        n = n + 2
    Loop
```

```
        Pi = Pi * 4
        Label2.Caption = " π  = " & Round(Pi, k)
End Sub
```

由于循环体执行次数不知道，使用"条件"控制循环出口，不能用 For…Next 语句书写，根据流程图使用当型循环前测试型语句书写。

例 5-10　设我国人口 2006 年统计为 12.9 亿，如果年增长率为 R，问从 2006 年起经过几年人口会翻一番。

分析：设人口初值为 P=12.9，可以用递推方法设计循环体，依次推出经过一年后、两年后、…、N 年后的人口值，由于循环的次数不知道，所以用条件："人口达到或超过 2*12.9 亿"作为控制循环结束的条件。流程图如图 5-21 所示。使用 Do While…Loop 语句书写程序运行结果如图 5-22 所示。

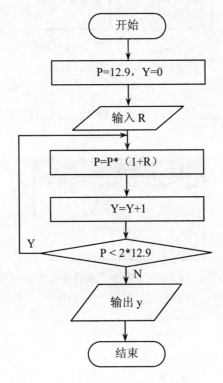

图 5-21　例 5-10 算法流程图

图 5-22　例 5-10 运行结果

```
Private Sub Command1_Click()
Dim p As Single, r As Single
p = 12.9: y = 0
r = Val(Text1.Text)
```

```
Do
 p = p * (1 + r)
 y = y + 1
Loop While p < 2 * 12.9
Label2.Caption = "经过" & y & "年人口会翻一番"
End Sub
Private Sub Form_Load()
Form1.Caption = "人口问题": Command1.Caption = "计算"
Label1.Caption = "输入增长率"
End Sub
```

例 5-11　输入一个自然数，要求打印出各因子。例如，输入 24，则输出：24=1×2×2×2×3。

分析：分解一个数的各个因子，可以从 2 开始去除该数，如果 2 是它的因子则输出 2 并且不改变除数继续去除，直到 2 不是它的因子，然后用 3 去除，……。循环考察该数是否还有因子的条件是：该数不等于 1。流程图如图 5-23 所示。根据流程图结构，使用 Do While…Loop 语句写出程序代码如下，程序运行结果如图 5-24 所示。

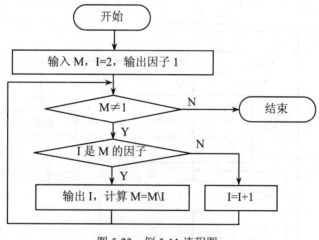

图 5-23　例 5-11 流程图

图 5-24　例 5-11 运行结果

```
Private Sub Command1_Click()
m = Val(Text1.Text)
i = 2
ss = m & "=" & 1
Do While m <> 1
   If m Mod i = 0 Then
      ss = ss & "*" & i
      m = m \ i
```

```
        Else
            i = i + 1
        End If
    Loop
    Label2.Caption = ss
End Sub
Private Sub Form_Load()
Me.Caption = "将正整数分解成因子之积": Command1.Caption = "分解"
Label1.Caption = "输入正整数"
End Sub
```

例 5-12 找出 1～100 之间的 "同构数"。"同构数" 是指这样一个数，它出现在它的平方数的右侧。例如：$5^2=25$，5 是 25 右侧的数，5 就是 "同构数"。

分析：判断一个数是否出现在其平方数的右侧，关键要看其平方数减去该数后右侧 0 的个数是否刚好是该数的位数，问题就变成求该数的位数。可以写出流程图如图 5-25 所示。

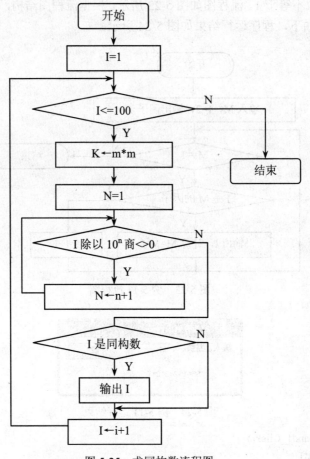

图 5-25 求同构数流程图

程序设计步骤：

①在窗体上画 1 个框架 Frame1、1 个文体框 Text1（显示求得的同构数）和 1 个命令按钮 Command1，程序界面如图 5-26 所示。在属性窗口，把文本框 Text1 的属性 MultiLine 设置为 True，属性 ScrollBars 设置为 2。

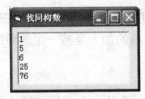

图 5-26　例 5-12 运行结果

②编写程序代码。

```
Private Sub Form_Click()
Dim str As String
For m = 1 To 100                        '找出 1～100 之间的同构数
    k = m * m
    n = 1
    Do While m \ (10 ^ n) <> 0          '寻找 m 的位数 n
        n = n + 1
    Loop
    If k - m = (k \ 10 ^ n) * 10 ^ n Then str = str & m & vbCrLf   '如果 m 是同构数，则连接到 str 中准备输出
Next m
Text1.Text = str
End Sub
Private Sub Form_Load()
Form1.Caption = "找同构数"
End Sub
```

程序中表达式(K\10^N)*10^N 表示将平方整除 10 的 N 次方后再添上 N 个 0，也即将平方数末尾 N 个数字变成 0，逻辑表达式 K-m=(k\10^n)*10^n 如果成立则表示平方数减去该数后末尾 0 的个数也有 N 个，所以 M 是同构数。

通过本章学习，读者可以体会到，循环程序设计包含两步工作：第一步是设计循环结构，第二步是用语句将循环结构翻译成程序，前者是解决问题的根本，后者是解决问题的形式。如果读者熟悉其他计算机程序设计语言，只要理解了语句的功能，也可以将解决问题的流程图翻译成其他语言的程序，照样能让计算机运行。

循环结构程序设计是程序设计技术的具体体现，对于每个初学者来说都是一个难点，学习过程中可以通过阅读程序（或流程图）慢慢领会构造循环结构的内涵，然后试着编写一些简单程序。遇到问题时从循环结构的三个要素入手考虑构造循环结构的方法，通过练习逐步掌握本章内容，为深入学习后续内容打下基础。

5.4　列表框和组合框控件

使用列表框（ListBox），用户可以从中进行选择数据项的滚动列表。组合框（ComboBox）是将文本框和列表框的功能结合在一起，用户可通过在组合框中输入文本来选定项目，也可从列表中选定项目。

5.4.1　列表框

列表框控件显示一个项目列表，让用户从其中选择一项或多项。如果项目总数超过了可显示的空间，列表框会自动添加滚动条。列表框最主要的特点是只能从其中选择，而不能直接写入或修改其中的内容，因此，它能满足从现有选项中快速选择数据项的要求。

列表框内的项目称为表项，表项的加入是按一定的顺序号进行的，这个顺序号称为该表项的索引（号）。

（1）常用属性。

1）Name 属性：设置控件对象的名称。列表框的默认名称为 List1，List2，…。

2）List 属性：这是一个字符型（String）数组，用于存放列表框的表项。

[格式] object.List(index)[= string]

其中：

object   一个列表框对象名称；

index   列表中具体某一项的索引号；

string   字符串表达式，指定列表项目。

List 数组的下标（index）规定从 0 开始，也就是说，第一个元素的下标是 0。可以在设计状态通过如图 5-27 所示的属性窗口添加数据项，每输入一项按 Ctrl+Enter 键换行，全部输入完后按 Enter 键，所输入的数据项将会出现在列表框中。

图 5-27 List 属性值的输入

3）ListIndex 属性：返回或设置控件中当前选择项目的索引（号），在窗体设计时不可用，只能在程序中设置和引用。若未选定任何项目，则 ListIndex 的值为-1。

表达式 List(List1.ListIndex)返回当前在列表框 List1 中选择项目的字符串。若选中列表中的第一项，则 ListIndex = 0。

4）ListCount 属性：返回控件列表项目的个数。该属性只能在程序中设置和引用。列表中最后一个元素的索引号 index=ListCount-1。

5）Selected 属性：返回或设置在 ListBox 控件中的一个表项的选择状态。该属性是一个与 List 属性一样、有相同项数的布尔值数组。在窗体设计时是不可用的。

[格式] object.Selected(index)[= boolean]

其中：

object   列表框对象名称；

index   控件中数据项的索引号；

boolean 一个用来指定数据项是否被选中的布尔表达式。该属性值为 True 表示 index 指定的表项被选中，为 False（缺省值）表示该表项没有被选中。

6）Sorted 属性：返回一个布尔值，指定控件的元素是否自动按字母表顺序排序，该属性只能在设计状态设置。当值为：

True　　列表中的项目按字符码顺序排序。

False　　（缺省值）列表中的项目不按字母表顺序排序。

7）Text 属性：存放在 ListBox 的列表框中选定项目的文本，返回值总与表达式 List(ListIndex) 的返回值相同。该属性为只读属性。

8）MultiSelect 属性：返回或设置一个值，该值指示是否能够在 ListBox 控件中进行复选以及如何进行复选。在运行时是只读的。其设置值为：

0　　（缺省值）不允许复选。

1　　简单复选。鼠标单击或按下 SpaceBar（空格键）在列表中选中或取消选中项。（箭头键移动焦点。）

2　　扩展复选。按下 Shift 键并单击鼠标，或按下 Shift 键以及一个箭头键（上箭头、下箭头、左箭头、和右箭头）将在以前选中项的基础上扩展选择到当前选中项。按下 Ctrl 并单击鼠标可以在列表中选中或取消选中项。

9）Style 属性：确定控件的样式。该属性值为：

VbListBoxStandard　　　　0　　（缺省值）标准形式，为简单的文本项的列表。

VbListBoxCheckbox　　　 1　　复选框形式，每一个文本项的旁边都有一个复选框。

（2）事件。

列表框可接收 Click，DblClick 等事件。

注意，如在程序运行时向属性 ListIndex 赋值，也将触发列表框的 Click 事件。

（3）方法。

列表框中的数据项可以在设计时通过 List 属性设置，也可以在程序中用 AddItem 方法添加，用 RemoveItem 或 Clear 方法删除。

1）AddItem 方法：用于将项目添加到 ListBox 控件的列表中。

[格式]　OBJECT.ADDITEM ITEM[,INDEX]

其中：

object　　列表框对象名称。

item　　　一个字符串表达式，用以指定添加到该对象的项目。

index　　 一个整数，用以指定新项目或行在该对象中的位置（顺序号）。

说明：如果所给出的 index 值有效，则 item 将放置在 object 中相应的位置。如果省略 index，当 Sorted 属性设置为 True 时，item 将添加到恰当的排序位置，当 Sorted 属性设置为 False 时，item 将添加到列表的尾部。

2）RemoveItem 方法：从 ListBox 控件中删除一个表项。语法格式：

object.RemoveItem index

其中：

object　列表对象名称。

index　　一个整数，指定要删除的项或行在对象中的位置（顺序号）。

3）Clear 方法：用于清除 ListBox 的内容，语法格式：

object.Clear

（4）列表框表项的输出。

输出列表框中的表项，有三种常用方法：

1）用鼠标单击列表框内某一表项，则该表项值存放在 Text 属性中。例如：

```
x=List1.Text                    '把选定的表项值存放在变量 x 中
```
或者：
```
x=List1.List(List1.ListIndex)
```
2）指定索引号以获取表项的内容。例如：
```
List1.ListIndex=4
x=List1.Text
```
或者：
```
x=List1.List（4）
```
下面通过例子说明列表框的应用。

例 5-13　设计程序，找出 100～1000 范围内所有能同时被 3 和 7 整除的自然数。

分析：某数 n 能同时被 3 和 7 整除的判别条件为：n Mod 3=0 And n Mod 7=0。

①在窗体上添加 1 个列表框 List1（显示结果），1 个标签 Label1（显示提示信息），1 个命令按钮 Command1。程序运行的结果如图 5-28 所示。

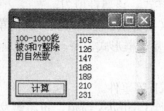

图 5-28　用列表框输出数据

②编写程序代码。
```
Private Sub Form_Load()
Label1.Caption = "100-1000 能被 3 和 7 整除的自然数"
Command1.Caption = "计算"
Me.Caption = ""
End Sub
```
用列表框 List1 显示结果。程序代码如下：
```
Private Sub Command1_Click()
    List1.Clear
    For n = 100 To 1000
        If n Mod 3 = 0 And n Mod 7 = 0 Then
            List1.AddItem n        '利用列表框输出成批数据
        End If
    Next
End Sub
```

例 5-14　选择和移动数据，用户界面如图 5-29 所示。窗体上有 2 个标签、2 个列表框和 2 个命令按钮。左边列表框（List1）列出 10～99 之间的整数，右边列表框（List2）列出被选中的数。程序运行时，按"选项右移"或"选项左移"可将已选择项移动到右边或左边列表框。

①为了简化程序，在窗体的 Activate 事件过程中产生 10～99 之间的整数。

图 5-29　列表框应用示例

②编写程序代码如下：

```
Private Sub Command1_Click()          '选项右移
k = 0
Do While k < List1.ListCount          '第 i 项被选中
    If List1.Selected(k) Then         '被选中项移到右边列表框
        List2.AddItem List1.List(k)   '从左边列表框中移除被选中项
        List1.RemoveItem (k)
    Else
        k = k + 1
    End If
Loop
End Sub
Private Sub Command2_Click()
k = 0
Do While k < List2.ListCount
    If List2.Selected(k) Then
        List1.AddItem List2.List(k)
        List2.RemoveItem (k)
    Else
        k = k + 1
    End If
Loop
End Sub
Private Sub Form_Activate()
Form1.Caption = "使用列表框示例"
Frame1.Caption = "10-99 之间的整数"：Frame2.Caption = "被选中的数"
Command1.Caption = "选项右移"：Command2.Caption = "选项左移"
For i = 1 To 100
    List1.AddItem i
Next i
End Sub
```

5.4.2　组合框

组合框是将文本框和列表框组合而成的控件，它有 3 种不同的类型，可用 style 属性设置。组合框是输入控件中使用相当广泛的一种，它比文本框规范，比列表框灵活，节省窗体的空间。用户可通过在组合框中输入文本来选定项目，也可从列表中选定项目。所以用组合框进行规范化的输入是一个很好的途径。

组合框具有列表框和文本框的大部分属性和方法，还有一些自己的属性。

组合框用三种样式，每种样式都可在设计或运行时，用 Style 属性设置，而且每种样式都可用数值或符号常数进行设置。这三种样式的 Style 设置值为：

下拉式组合框　　　0　　vbComboDropDown

简单组合框　　　　1　　vbComboSimple

下拉式列表框　　　2　　vbComboDropDownList

（1）下拉式组合框（Dropdown Combo）。

在缺省设置（Style = 0）下，组合框为下拉式组合框，在屏幕上只显示文本编辑框和一个下拉箭头。用户可以（像在文本框中一样）直接输入文本，也可单击组合框右侧的附带箭头打开选项列表。可以认为控件由一个文本框和一个下拉列表组成。选定的数据项将显示在组合框顶端的文本部分中。当控件获得焦点时，也可按 ALT+↓ 键打开列表。如图 5-30 所示。

图 5-30   下拉式组合框外观

（2）简单组合框。

如果 Style 属性设置为 1，组合框为简单组合框样式，顶部是一个文本框（没有下拉的箭头），可以输入数据，下面便是一个列表框，不能收起，如图 5-31 所示。为显示列表框部分，在添加控件时，必须将列表框绘制得足够长（大）。当选项数超过列表的显示限度时将自动插入一个垂直滚动条。用户可直接输入文本，也可从列表中选择数据项。像下拉式组合框一样，简单组合框也允许用户输入那些不在列表中的数据项。

图 5-31   简单组合框

（3）下拉式列表框。

如果 Style 属性设置为 2，组合框为下拉式列表框，外观像下拉式组合框，功能与单纯的列表框相似，它只显示数据项目的列表，用户只能选择数据项，不能输入数据项，它没有文本框部分，如图 5-32 所示。下拉式列表框与列表框的不同之处在于，只有单击列表框右侧的箭头，或获得焦点后按 Alt+↓ 键，才能显示列表，否则不显示列表。当窗体上的空间较少时，可使用这种类型的列表框。

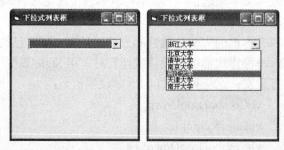

图 5-32   下拉式列表框

注意：组合框的 Text 属性，对下拉式组合框和简单组合框来讲，既可以是用户所选定数据项的文本，也可以是直接从文本框输入的文本；对下拉式列表框来讲，则只能是用户所选定数据项的文本。

例 5-15 设计程序，把 10～99 之间整数放入组合框，再对组合框进行项目显示、添加、删除、全部删除等操作。

程序设计步骤如下：

①在窗体上画 2 个标签，1 个组合框，1 个文本框，4 个命令按钮。程序界面如图 5-33 所示。组合框 Combo1 的 Style 属性采用默认值 0，为下拉式组合框。

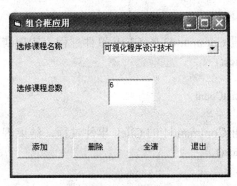

图 5-33 例 5-15 程序运行界面

②编写程序代码。

首先编写窗体的 Load 事件过程，设置各控件的有关属性，为组合框的列表添加数据项。代码如下：

```
Private Sub Form_Load()
    Form1.Caption = "组合框应用"
    Label1.Caption = "选修课程名称"
    Label2.Caption = "选修课程总数"
    Command1.Caption = "添加"
    Command2.Caption = "删除"
    Command3.Caption = "全清"
    Command4.Caption = "退出"
    Combo1.AddItem "电子商务"
    Combo1.AddItem "网页制作"
    Combo1.AddItem "计算机网络技术"
    Combo1.AddItem "计算机多媒体技术"
    Combo1.Text = ""
    Combo1.TabIndex = 0
    Text1.Text = Combo1.ListCount
End Sub
```

编写"添加"命令按钮 Command1 的 Click 事件过程，实现通过组合框的文本框向列表框部分添加课程名称。代码如下：

```
Private Sub Command1_Click()
    If Len(Combo1.Text) > 0 Then
        Combo1.AddItem Combo1.Text        '把文本框输入的项目添加到列表中
        Text1.Text = Combo1.ListCount     '更新显示的列表项目总数
    End If
```

```
        Combo1.Text = ""
        Combo1.SetFocus
End Sub
```

编写"删除"命令按钮 Command2 的 Click 事件过程，实现删除选择的表项。代码如下：

```
Private Sub Command2_Click()
    If Combo1.ListIndex <> -1 Then          'Combo1.ListIndex=-1 表示无选择项
        Combo1.RemoveItem Combo1.ListIndex   '移去所选择的表项
        Text1.Text = Combo1.ListCount
    End If
End Sub
```

编写"全清"命令按钮 Command3 的 Click 事件过程，实现清除全部表项。代码如下：

```
Private Sub Command3_Click()
    Combo1.Clear
    Text1.Text = Combo1.ListCount
End Sub
```

编写"退出"命令按钮 Command4 的 Click 事件过程，结束程序的运行。代码如下：

```
Private Sub Command4_Click()
    Unload Me
End Sub
```

列表框和组合框既可以作为输出数据（特别是批量数据）的对象，也可以作为输入数据的对象，非常贴切地实现程序的可视化操作。

习题 5

一、单选题

1. 下列循环语句所确定的循环次数是（   ）。

```
For k = 200# To 100 Step -2 * 10
    n = n + 1
Next
```

   A. 6   B. 5   C. 4   D. 3

2. 执行下面程序，单击窗体后，窗体上显示的内容是（   ）。

```
Private Sub Form_Click()
    For I = 0 To 10 Step -2
I = I + 2
Next
    Print I
End Sub
```

   A. 0   B. 1   C. 2   D. 3

3. 下列事件过程的运行结果是（   ）。

```
Private Sub Command1_Click()
    s = 0
    For k = 10 To 50 Step 15
     s = s + k
    Next
```

```
        Print s
    End Sub
```

    A. 20   B. 130   C. 75   D. 55

4．分析下列程序，回答以下问题：

（1）语句 s=s+n 被执行的次数为（   ）。

（2）程序的运行结果为（   ）。

```
    Private Sub Command1_Click()
        n = 1: s = 1
        Do While n < 6
            s = s + n
            If n < 3 Then n = n + 1 Else n = n + 2
        Loop
        Print s
    End Sub
```

  （1）A. 2   B. 3   C. 4   D. 5

  （2）A. 13   B. 12   C. 11   D. 10

5．下面程序运行的结果是（   ）。

```
    Private Sub Command1_Click()
        s = "0123456789": c = ""
        For k = 2 To Len(s) Step 3
            a = Left(s, k)
            b = Right(a, k)
            c = Mid(b, k, 1) + c
        Next
        Print c
    End Sub
```

    A. 7410   B. 741   C. 735   D. 41

6．执行下列程序后，变量 s 的值是（   ）。

```
    Private Sub Command1_Click()
        s = 0
        For m = 1 To 3
            n = 1
            Do While n <= m
                s = s + n
                n = n + 1
            Loop
        Next
        Print s
    End Sub
```

    A. 4   B. 7   C. 10   D. 15

7．Command1_Click()事件过程的功能是计算（   ）。

```
    Private Sub Command1_Click()
        s = 1: n = 2
        Do While n < 1000
            s = s + n
```

```
        n = n + 2
    Loop
      Print "s="; s
  End Sub
```

A．s=1+2+4+6+…+998 　　　　　B．s=1+2+4+6+…+1000

C．s=2+4+6+…+998 　　　　　D．s=2+4+6+…+1000

8．下面程序运行结果是（　　　）。

```
  Private Sub Form_Click()
  x = 1
  y = 1
  For i = 1 To 3
  f = x + y
    x = y
    y = f
    Print f;
  Next i
  End Sub
```

A．2 3 6　　　　　B．2 2 2　　　　C．2 3 4　　　　D．2 3 5

9．下面程序运行结果是（　　　）。

```
  Private Sub Form_Click()
  i = 4
  a = 5
  Do
   i = i + 1
    a = a + 2
  Loop Until i >= 7
  Print "i="; i;
  Print "a="; a
  End Sub
```

A．i=4　a=5　　B．i=7 a=13v　　C．i=8　a=7　　D．i=7 a=11

10．下面程序运行结果是（　　　）。

```
  Private Sub Form_Click()
  a = 0: b = 1
  Do
   a = a + b
    b = b + 1
  Loop While a < 10
  Print a; b
  End Sub
```

A．10 5　　　　　B．A B　　　　C．0 1　　　　D．10 30

11．下面程序运行结果是（　　　）。

```
  Private Sub Form_Click()
  Dim k As Integer, a As Integer, b As Integer
  a = 20: b = 2: k = 2
  Do While k <= a
   b = b * 2
```

```
    k = k + 5
    Loop
    Print b
    End Sub
```
　　A．38　　　　　　B．35　　　　　　C．32　　　　　　D．36

12．下面程序运行结果是（　　）。
```
    Private Sub Form_Click()
    For i = 1 To 3
    For j = 0 To i - 1
      s = s + 1
    Next j, i
    Print s
    End Sub
```
　　A．6　　　　　　B．5　　　　　　C．4　　　　　　D．3

二、多项选择题（要求在五个备选答案中选择多个正确答案）

1．能够显示字符串"ABCD"的程序段有（　　）。
　　A．Print "ABCD"
　　B．For　X=65 To 68：　Print Chr(X)；：Next X
　　C．For　X=1　To　4：　Print Chr(X+&H40);：Next X
　　D．For　X=1　To　4：　Print Chr(X+Asc("A")-1);：Next X
　　E．For　X="A" To "D"：　Print X;：Next X

2．能正确地将 1,2,3,4,5 这 5 个数累加（和为 15）的程序段为（　　）。

A.	B.	C.	D.	E.
S=0:n=1	S=0:n=1	S=0:n=1	S=0:n=1	S=0:n=1
Do While n<5	Do While n<=5	Do	Do	Do
S=S+n	S =S+n	S =S+n	S =S+n	S =S+n
n=n+1	n=n+1	n=n+1	n=n+1	n=n+1
Loop	Loop	Loop While n<5	Loop Until n>=5	Loop Until n>5

3．VB 中可用于控制循环的语句有（　　）。
　　A．If 语句与 Goto 语句配合使用　　　B．While …Wend 语句
　　C．For … Next 语句　　　　　　　　D．Do While …Loop 语句
　　E．Do … Loop Until 语句

三、分析程序

1．设 n 和 s 均为整型变量，分别具有初值 1 和 10。下列循环语句的循环体各执行多少次？结束循环后 n 值各为多少？
　　（1）n = 1: s = 10　　　　　　　　（2）n = 1: s = 10
```
    Do While n <= s              Do Until n * s > 40
      n = n + 3                    n = n * 2
    Loop                         Loop
```

（3）n = 1: s = 10
```
Do
  n = n * 3
Loop Until n > s
```

（4）n = 1: s = 10
```
Do
  n = s \ n
  n = n + 2
Loop While n < s
```

（5）n = 1: s = 10
```
While n < s
  n = n + 3
Wend
```

2．下面程序运行后输出结果为_____。
```
Private Sub Form_Click()
mun = 0
Do While mun <= 3
  mun = mun + 1
  Print mun
Loop
End Sub
```

3．下面程序的循环体执行次数是_____。
```
Private Sub Form_Click()
a = 0
Do While a <= 10
  a = a + 2
Loop
End Sub
```

4．下面程序运行后，a 的值是_____。
```
Private Sub Form_Click()
a = 5
For i = 2 To 4.2 Step 0.4
  a = a + 2
Next i
Print a
End Sub
```

5．以下程序段从文本框 Text1 中输入一个字符串，把该字符串按相反的次序显示在文本框 Text2 中。如输入 ABCDE，输出 EDCBA。请填空完善程序。
```
Private Sub Command1_Click()
  Dim s As String, t As String, c As String
  s = Trim(Text1.Text): t = ""
  For k = 1 To ____(1)____
    c = ____(2)____
    t = ____(3)____
  Next
  ____(4)____ = t
End Sub
```

6．设 m 和 n 都是正整数，输入 m，求当 2^n 大于等于 m 时，求 n 的最小值。填空完善程序。

```
Private Sub Command1_Click()
    Dim m As Long, t As Long, n As Integer
    m = Val(InputBox("输入大于 1 的正整数 m:", "输入数据"))
    n = _____(1)_____
    t = 0
    Do While True
        n = _____(2)_____
        t = _____(3)_____
        If t >= m Then
            Print "2 的"; n; "次方≥"; m
            Exit Do
        End If
    Loop
End Sub
```

7. 从字符串中查找子字符串 123，将该子字符串删除，但 1234 子字符串保留，如将 AB123C1234DE123F 处理成 ABC1234DEF。完成下列程序代码。请填空完善程序。

```
Private Sub Form_Click()
    x = InputBox("输入字符串")
    p = InStr(x, "123")
    Do While p > 0
        If Mid(x, p + 3, 1) <> "4" Then
            x = Left(x, p - 1) + _____(1)_____
        Else
            p = p + _____(2)_____
        End If
        p = InStr(_____(3)_____, x, "123")
    Loop
    MsgBox ("处理结果：" + x)
End Sub
```

8. 在窗体上已经建立了两个文本框（Text1 及 Text2）和一个命令按钮（Command1），用户在文本框 Text1 中输入文本，单击命令按钮后，从文本框 Text1 中取出英文字母，并按输入顺序显示在文本框 Text2 中。例如，输入 12aA3b4B5，在文本框 Text2 中显示为 aAbB。请填空完善程序。

```
Private Sub Command1_Click()
    Dim s As String, y As String
    s = Trim(_____(1)_____)
    y = ""
    For k = 1 To _____(2)_____
        x = Mid(s, k, 1)
        If _____(3)_____ Then
            y = _____(4)_____
        End If
    Next
    Text2.Text = y
End Sub
```

9. 窗体上有 1 个滚动条 Hscroll1、1 个文本框 Text1 和 1 个标签 Label1，程序要使每次单击滚动条两端箭头或单击滚动条滑块与两端箭头之间的空白区域时,文本框内容能反映滚动条的值,请填空完善程序。

```
Private Sub HScroll1 _____(1)_____()
    Text1.Text = HScroll1. _____(2)_____
End Sub
```

实验 5

一、实验目的

（1）理解循环的概念，理解构成循环结构的方法和原理。

（2）理解 For、Do While / Until…Loop、Do…Loop While / Until 等循环语句的意义。会用循环语句书写循环程序。

（3）掌握多重循环的规则和程序设计方法。

二、实验内容

（一）运行下面实例程序，体会循环程序设计的基本方法。

实例 1   求从键盘输入的自然数 N 的阶乘。流程如图 5-34 所示，代码如下。程序运行时分别输入 5、15，观察结果。

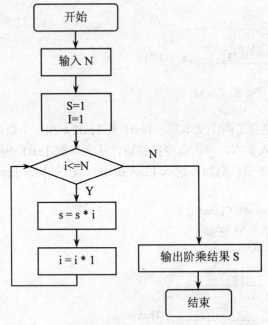

图 5-34   实例 1 流程图

```
Private Sub Form_Click()
    Dim s As Single，n As Integer，i As Integer
    n = Val(InputBox("输入自然数 N","求 N 的阶乘",0))
    s  =  1
    i  =  1
```

```
Do While i<=n
    s = s * i
    i = i + 1
Loop
Print    "n = ";n,n; "!=";s
End Sub
```

程序解读：在该程序中，s 用来存放累乘积的结果，因此在初始化的时候 s=1；i 是控制循环的循环变量；i<=n 是循环的条件；s =s*i, i= i+1 是循环体；因为循环结构的关键字是 While，所以当 i<=n 条件满足的时候，执行循环体，当 i>n 时，退出循环，执行后继语句输出结果。

如果将程序中 Do While 改成 Do Until，那么程序的其他地方应该做怎样的修改呢，请自己完成。

实例 2　根据下面公式计算 e，要求其误差小于 0.00001。

$$e = 1 + \frac{1}{1!} + \frac{1}{2!} + \frac{1}{3!} + \cdots + \frac{1}{n!} + \cdots$$

流程图如图 5-35 所示，代码如下，程序运行结果如图 5-36 所示。

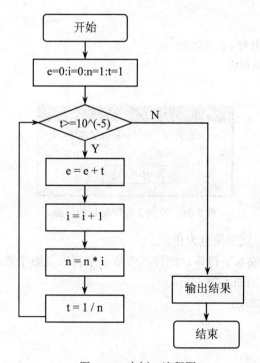

图 5-35　实例 2 流程图

分析：该示例涉及两个问题：

①用循环结构求级数的问题。求级数和的项数和精度都是有限的，否则有可能会造成溢出或死循环。这道题使用精度来控制循环。因为事先我们并不知道要循环多少次才会使 $\frac{1}{n!}$ 小于 0.00001，所以循环语句就只能选择用"条件"控制循环的 Do Loop、Do While 等语句。

②累加与连乘。累加是在原有和的基础上再增加一个数，如 s=s+i。连乘则是在原有积的基础上再乘以一个数，如 n=n*i。为了保证程序运行能得到正确的结果，一般在循环体外对存

放累加和的变量清零，对存放连乘的变量置 1。

操作步骤：

（1）新建一个标准 EXE 工程。

（2）在窗体上放置一个标签和一个命令按钮。

（3）双击命令按钮，进入代码编辑窗口，编写程序代码。

```
Private Sub Command1_Click()
    Dim i As Integer, n As Long, t As Double, e As Double
    e = 0: i = 0: n = 1: t = 1
    Do While t >=0.00001
        e = e + t
        i = i + 1
        n = n * i
        t = 1 / n
    Loop
    Label1.Caption = Label1.Caption & e & "(计算了" & i & "项的和)"
End Sub
Private Sub Form_Load()
    Command1.Caption = "计算 e 的近似值"
    Label1.Caption = "e 的近似值="
End Sub
```

图 5-36　实例 2 程序运行的界面

（4）运行调试程序，直到满意为止。

实例 3　在文本框中输入字符串，统计其中数字字符出现的个数。流程如图 5-37 所示，程序代码如下。运行结果如图 5-38 所示。

```
Private Sub Command1_Click()
    c = Text1.Text
    For p = 1 To Len(c)
        c1 = Mid(c, p, 1)
        If c1 >= "0" And c1 <= "9" Then n = n + 1
    Next p
    Label1.Caption = "含" & str(n) & "个数字字符"
End Sub
Private Sub Form_Load()
    Me.Caption = ""
    Command1.Caption = "统计"
End Sub
```

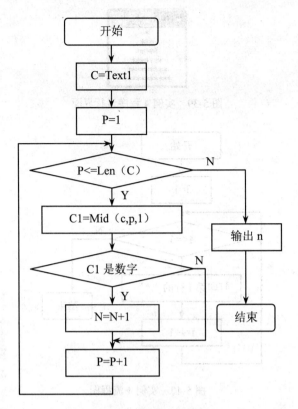

图 5-37　实例 3 流程图

图 5-38　实例 3 程序运行界面

分析：本题的意图是需要对输入的字符串的每个字符逐个的进行判断，因此判断的语句需要被重复执行，就需要用循环结构来控制。循环体的内容就是从字符串中取一个字符，再判断该字符的类型；循环的次数是已知的，就是字符串中的字符个数，因此用 For Next 循环语句。

实例 4　单击窗体，用循环语句在窗体上输出如图 5-39 所示由星号组成的三角形。程序流程如图 5-40 所示，代码如下。

```
Private Sub Form_Click()
    For i = 1 To 6
        Print    Tab(16 - i); String(2*i-1, "*")
    Next i
End Sub
```

分析：本题需要输出 6 行内容，所以控制结构用 For Next 循环语句控制。循环次数与总行数相等，为 6 次；循环体部分就是每行输出空格和星号，空格个数与该行的行号的关系为6-行号，星号个数与该行的行号之间的关系为 2*行号-1。

图 5-39　实例 4 程序运行界面

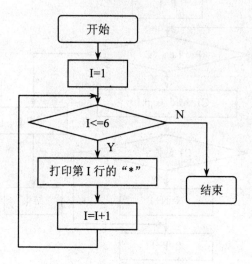

图 5-40　实例 4 流程图

思考：输出规则图案还有其他方法吗？你会用哪些方法实现输出规则图案？

实例 5　将可打印的 ASCII 码制成表格输出，使每个字符与它的编码值对应起来，每行打印 7 个字符，程序流程如图 5-41 所示。

分析：在 ASCII 码中，只有"　"（空格）到"~"是可打印的字符，其余为不可打印的控制字符。可打印的字符的编码值为 32～126，可通过 Chr()函数将编码值转换成对应的字符输出。

操作步骤：

（1）新建一个标准 EXE 工程。

（2）在窗体上画 1 个图片框，并使图片框与窗体几乎一样大，如图 5-42 所示。

（3）双击图片框，进入代码编辑窗口，编写图片框的单击事件过程，其代码如下：

```
Private Sub Picture1_Click()
    Picture1.Print "                    ASCII 码对照表"
    For Asc = 32 To 126
        Picture1.Print Tab(7 * i + 2); Chr(Asc); "="; Asc;
        i = i + 1
        If i = 7 Then i = 0: Picture1.Print
    Next
End Sub
Private Sub Form_Load()
    Picture1.BackColor = vbWhite
End Sub
```

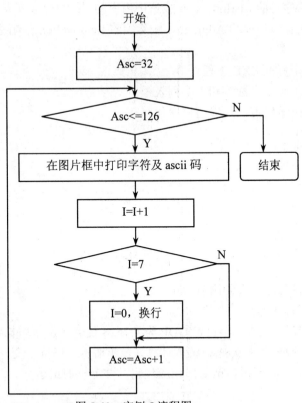

图 5-41 实例 5 流程图

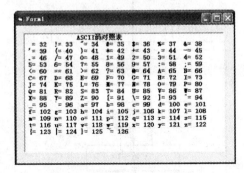

图 5-42 实例 5 程序运行界面

（4）运行调试程序，直到满意为止。

程序解读：在该程序中，循环次数是确定的，就是将 Ascii 代码为 32 到 126 的字符逐个输出，因此使用 For Next 循环来控制；循环体中的 3 条语句的作用分别是：Picture1.Print 用于输出字符，其中的 Tab 用于指定输出位置，变量 i 的作用是记录在一行中已经输出的字符个数，If 语句用于判断在一行中是否已经输出了 7 个字符，如果输出了 7 个字符，就换行输出。

图 5-43 实例 6 程序运行图

实例 6 在窗体上画 1 个标签和 1 个列表框。程序运行后，在列表框中添加若干列表项。当双击列表框中的某个项目时，在标签 Label1 中显示所选中的项目，如图 5-43 所示。

分析：本题涉及到对列表框的使用。列表框的重要的属性有存放列表框中各项内容的

List()，存放选中项序号的 ListIndex，存放选中内容的 Text，存放列表框中总项数的 ListCount。列表框的重要方法有添加项的 AddItem，删除项的 RemoveItem，删除所有内容的 Clear。

操作步骤：

（1）新建一个标准 EXE 工程。

（2）在窗体上画 1 个标签和 1 个列表框。

（3）进入代码编辑窗口，编写程序代码。

```
Private Sub Form_load()
List1.AddItem "北京"
List1.AddItem "上海"
List1.AddItem "湖北"
Me.Caption = ""
End Sub
Private Sub List1_Click()
Label1.Caption = List1.Text
End Sub
```

（4）运行调试程序，直到满意为止。

（二）看图写程序题。

1. 统计资料显示，2005 年日本 GDP 为 4,7528 亿美元，年增长率为 2.8%；中国 GDP 为 2,2257 亿美元，年增长率为 9.8%。编程计算，若年增长率保持不变，多少年后中国 GDP 将超过日本？流程如图 5-44 所示，请写出相应代码，并上机调试运行。（备注：结果为 12）

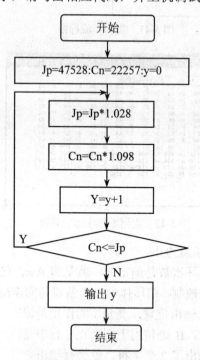

图 5-44　看图写程序第 1 题流程图

2. 已知有一堆苹果，个数在 50 至 500 之间，并满足：5 人均分余 4 个，6 人均分余 3 个，7 人均分余 2 个，设计程序找出满足条件的苹果数，并统计满足条件的数的个数。流程如图 5-45 所示，请写出相应程序，并上机调试。

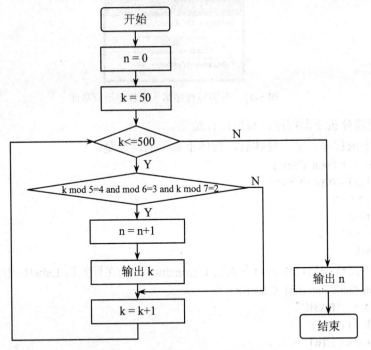

图 5-45　看图写程序第 2 题流程图

3. 在窗体上已经建立了 2 个文本框（Text1 及 Text2）和 1 个命令按钮（Command1），用户在文本框 Text1 中输入文本，单击命令按钮后，将文本框 Text1 中的非英文字母替换成*，并按输入顺序显示在文本框 Text2 中。例如，输入 12aA3b4B5，在文本框 Text2 中显示为**aA*b*B*。流程如图 5-46 所示，请写出相应程序，并上机调试。程序运行界面如图 5-47 所示。

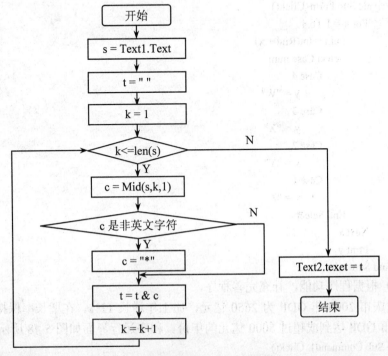

图 5-46　看图写程序第 3 题程流程图

图 5-47　看图写程序第 3 题程序运行界面

（三）阅读分析下面程序，写出运行结果。

1．执行下面程序，单击窗体后，窗体上显示的结果是：

```
Private Sub Form_Click()
        For I = 0 To 10 Step -2
        I = I + 2
        Next
        Print I
End Sub
```

2．运行下面程序后，单击命令按钮 Command1，则在标签框 Label1 中显示的结果是：

```
Private Sub Command1_Click ( )
        X = "BASIC"
        L = Len (X )
        For k= 1 To L
            V = Mid ( X, k, 1 )
            W = V + W + "- "
        Next k
        Label1.Caption = W
End Sub
```

3．程序运行后，单击窗体，则在窗体上显示的结果是：

```
Private Sub Form_Click()
        For x = 1 To 4
            num = Int(Rnd + x)
            Select Case num
                Case 4
                    y = "W"
                Case 3
                    y = "X"
                Case 2
                    y = "Y"
                Case 1
                    y = "Z"
            End Select
        Next x
        Print y
End Sub
```

（四）根据程序功能，补充完善程序。

1．重庆市 2004 年 GDP 为 2650 亿元，比上年增长 12%。在增长率保持不变的情况下，计算重庆市 GDP 达到或超过 5000 亿元的年份。程序运行界面如图 5-48 所示。

```
Private Sub Command1_Click()
Dim GDP As Single, Y As Integer
```

GDP = 2650

_____

Do

　_____

　　Y = Y + 1

Loop While (_____)

Label1.Caption = "经过" & Str(Y) + "年 GDP 将达到" + Str(GDP) + "亿元"

End Sub

图 5-48　程序填空第 1 题程序界面

2．在窗体上已经建立了 2 个文本框（Text1 及 Text2）和 1 个命令按钮（Command1），用户在文本框 Text1 中输入文本，单击命令按钮后，从文本框 Text1 中取出英文字母，并按输入顺序显示在文本框 Text2 中。例如，输入 12aA3b4B5，在文本框 Text2 中显示为 aAbB。程序界面如图 5-49 所示。

图 5-49　程序填空第 2 题运行结果

```
Private Sub Command1_Click()
    Dim s As String, y As String
    s = Trim(_____)
    y = ""
    For k = 1 To _____
        x = Mid(s, k, 1)
        If _____ Then
            y = _____
        End If
    Next
    Text2.Text = y
End Sub
```

3．下面程序能够验证一个输入的正整数是否素数（素数是只能被 1 和自身整除的自然数），程序流程图如图 5-50 所示。

```
Private Sub Command1_Click()
    Dim n As Integer, i As Integer, f As Boolean
    f = True               '是否发现约数的标志
    n = Val(InputBox("请输入一个正整数" + vbCrLf + "(大于 1)", "输入数据", 2))
    For i = 2 To _____
```

```
    If _____ Then
            f = False
            Exit For
        End If
      Next i
    If f = _____ Then Print n; "是素数" Else Print n; "不是素数"
End Sub
```

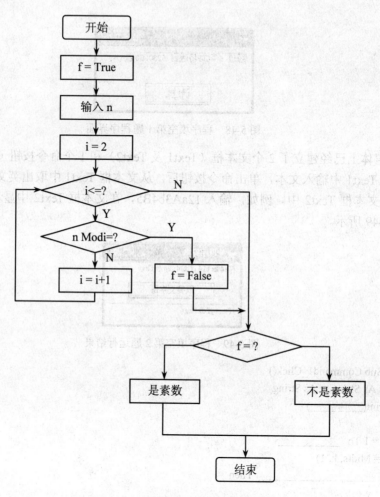

图 5-50　程序填空第 3 题流程图

4. 在文本框 Text1 中输入一个正整数 N，按"计算"命令按钮 Command1，计算 1 到 N 所有自然数中的偶数（不包括 0）之乘积：2 * 4 * 6 * … * m（m <= N），结果显示在标签 Label1 中。程序界面如图 5-51 所示。

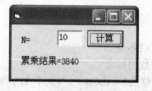

图 5-51　程序填空第 4 题界面

```
Private Sub Command1_Click()
Dim fact As Double, k As Integer, n As Integer
n = Val(Text1)
fact = _____
For k = 2 To n Step _____
    fact = fact * k
Next k
Label1.Caption = "累乘结果=" & fact
End Sub
```

5．指定一个初始值，从该数值开始（包括该数值），找出 50 个不能被 7 整除的自然数。要求通过文本框来接收初始值，找出的自然数显示在列表框中。程序界面如图 5-52 所示。

图 5-52　程序填空第 5 题运行界面

```
Private Sub Command1_Click()
    Dim n As Integer, count As Integer
    n = Val(Text1)
    count = 0
    Do While _____
      If n Mod 7 = 0 Then
        List1.AddItem n
        count = count + 1
      End If

      _____
    Loop
End Sub
```

（五）程序改错。

1．以下程序的功能是将用户从键盘输入的十进制整数转换成二进制整数，并在窗体上输出，请将给定程序中不正确的地方进行修改，使之能完成预定功能。要求：程序代码改错时，不得增加和删除语句。

```
Private Sub Form_Click()
Dim B As Long, D As Boolean                    'Error1
    D = Val(InputBox("请输入一个十进制数", "输入"))
Do While D >= 0                                'Error2
    B = B & D / 2                              'Error3
    D = D / 2                                  'Error4
    Loop
    Print B
End Sub
```

2．程序功能是验证级数。在文本框 Text1 中输入 n，按"计算"命令按钮 Command1 计算级数的值，计算所得级数值与 2 之差的绝对值显示在标签框 Label1 中。要求：程序代码改错时，不得增加和删除语句。

```
Private Sub Command1_Click ( )
    n = Asc ( Text1.Text )                  'Error1
    S = 1
    For k = 0 To n                          'Error2
        V = k ^ 2                           'Error3
        S = 1 / S + 1 / V                   'Error4
    Next k
    D = 2 – Abs (S)                         'Error5
    Label1.Caption = D
End Sub
```

（六）程序设计题。

1．在文本框 Text1 和 Text2 中分别输入任意正整数 N1 和 N2（N1<N2），然后单击"计算"命令按钮 Command1，计算出 N1 到 N2 之间所有整数（不包括 N1 和 N2）的累加和，结果在标签 Label1 中显示输出。程序界面如图 5-53 所示。

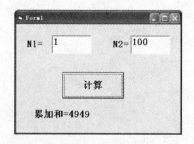

图 5-53　程序设计第 1 题程序运行界面

2．从键盘输入一行字符，分别统计其中英文字母、空格、数字和其他字符的个数。

3．Sn=a+aa+aaa+aaaa+⋯+aaaa⋯a。最后一项表示 n 个 a，a 是键盘输入的 1～9 之间的数字，n 由键盘输入。

4．找出 1000 内满足下面条件的数：个位数字与十位数字之和除以 10 所得余数刚好是其百位数字。

5．产生 20 个 2 位随机整数，按 5 个数一行在图片框中进行显示，并计算这些数的和。

6．设计循环程序在窗体上打印如图 5-54 所示规则图案。

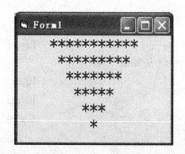

图 5-54　程序设计第 2 题程序运行界面

7. 设计程序，计算并输出一个长整数的各位数字之和。程序运行界面如图 5-55 所示。

图 5-55 程序设计第 7 题程序运行界面

8. 设计程序求级数 S=1/(1+4)+1/(1+2×4)+1/(1+3×4)+⋯+1/(1+n×4)+⋯的前 100 项之和，将结果显示在窗体上，如图 5-56 所示。

图 5-56 程序设计第 8 题程序运行界面

9. 从三个红球、五个白球、六个黑球中任意取出八个球，且其中必须有白球，设计程序统计有多少种取法。

10. 如果一个三位整数等于它的各位数的立方和，则此数称为"水仙花数"，如 $153=1^3+5^3+3^3$。编写程序求所有的水仙花数，将水仙花数显示在列表框中，如图 5-57 所示。要求：分别用单层循环结构和多层循环结构完成此题程序设计。

图 5-57 程序设计第 10 题程序运行界面

11. 凡是满足 $x^2+y^2=z^2$ 的正整数数组(x,y,z)就称为勾股数组（如 3,4,5）。请找出任意一个正整数 n 以内的所有勾股数组，程序运行界面如图 5-58 所示。

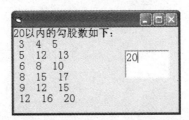

图 5-58 程序设计第 11 题运行界面

12. 已知一个正整数与 3 的和是 5 的倍数，与 3 的差是 6 的倍数。设计程序，找出符合此条件的最小正整数。

13. 已知有一批书共 1020 本，以后每天都买掉一半还多 2 本，设计程序求出几天能买完。

14．酒会上，如果每人与其他与会者只碰杯一次，并且知道碰杯声为 903 下，设计程序求出出席酒会的人数。

15．设计程序找出被 2，3，5 除时余数均为 1 的最小的 10 个自然数。

16．用迭代法求 $x = \sqrt{a}$ 。求平方根的迭代公式为：

$$x_{n+1} = \frac{1}{2}(x_n + \frac{a}{x_n})$$

要求：输入 a 值，并以 a 作为 x 的初值。直到前后两次求出的 x 的差的绝对值小于 10^{-5} 为止。

17．设计程序，在窗体上建立 1 个列表框 List1 和 1 个"显示"命令按钮 Command1。列表框高（Height）为 1770，宽（Width）为 1300，字体为"黑体"，字号为 14，列表框中已有 5 个列表项，依次为"表项 1"～"表项 5"。要求程序运行后，可以通过多次单击来选中多个列表项。单击"显示"按钮，在窗体上输出所有选中的列表项，如图 5-59 所示。

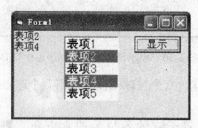

图 5-59　程序设计第 17 题程序运行界面

第6章 数组

本章以前使用的变量都是一个名字对应一个存储单元，称为简单变量。有些问题仅有简单变量根本无法完成。例如，"求一批数的平均值，并输出大于其平均值的数"。显然，应该先计算这批数的平均值，再在这批数中筛选出大于平均值的数输出。如果仍用简单变量保存数据，那得用 A、B、C、…，很多个变量才能保存，无法用循环过程实现求和筛选，借助数组就可以方便地实现此过程。

6.1 数组的概念

数组是 Visual Basic 语言提供的一种组合类型数据，如果面对的问题不仅要处理大批数据，而且必须反复使用这批数据，则可以使用数组实现。

6.1.1 数组与数组元素

数组是由任何一种简单数据类型按照一定的组织规则构造出来的数据类型，是有序数据的集合。数组中可以包含很多个相同或不同类型的变量，称为"数组元素"或"数组分量"或"下标变量"。

如果定义 A 是整型数组，则数组中的每一个元素都是整型数据类型。如果数组的数据类型为 Variant，则各元素可以是不同类型的数据（对象、字符串、数值等）。

数组在内存中占用一片连续的存储单元，每个单元都用同样的名字（即数组名）但编号（下标（subscript）或索引（index））不同。数组的命名方式与简单（基本）变量命名方式相同。例如有整型数组 A，包含 4 个元素，则每个元素占据一个存储单元（每个存储单元包含 2 个字节），在内存中的排列可形象表示为如图 6-1 所示。

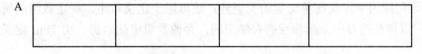

图 6-1 内存中数组元素排列

由于 4 个元素的名字均为 A，故用编号区分这 4 个存储单元，记为：

A（1），A（2），A（3），A（4）

A（1，1），A（1，2），A（2，1），A（2，2）

编号方式可以有多种，第一种用一个数字来编号称为一维数组，第二种用两个数字来编号称二维数组。可以推广，用 n 个数字对数组的元素编号则称为 n 维数组。在 Visual Basic 中数组维数最多可达 16 维。

数组使用之前一定要声明，告诉机器所使用数组的类型，包含分量的个数，分量的编号方式等，以便机器为数组预留内存空间。

引入数组就不需要在程序中定义大量的变量，大大减少程序中变量的数量，使程序精炼，而且数组含义清楚，使用方便，明确地反映了数据间的联系。许多好的算法都与数组有关。熟练地利用数组，可以大大提高编程和解题的效率，加强程序的可读性。

6.1.2 数组的下标与维数

（1）数组的下标。

由上面的分析可知，在数组中的一个元素相当于一个普通变量，由数组名和下标确定，下标必须用圆括号括起来。数组元素又称为下标变量。

下标可以是常数、变量、表达式或另一个数组的元素。下标值可以是正整数、0 和负整数，如果带有小数，Visual Basic 将自动对其四舍五入取整。

正因为数组元素的下标可以是变量，所以与简单变量相比，下标变量有不少方便之处。例如 a(i)是数组 a 的一个元素，当 i 取不同的值时，它就表示不同的数组元素，如 i=0，表示 a(0)，i=1，表示 a(1)，等等，使用时只要有规则地改变下标值，就可以方便地用 a(i)引用数组 a 中的所有元素。

（2）数组的维数。

如果数组元素只有一个下标，则称这个数组为一维数组。如果数组元素有 n 个下标，则称这个数组为 n 维数组。

数组元素在内存中占用一片连续的存储空间，而分配空间的大小由数组维数及下标的最大值和最小值确定。因此，又把数组下标的最大值称为下标的上界，下标的最小值称为下标的下界。

若一个数组定义之后，元素个数在程序运行过程中保持不变，这样的数组称为固定大小数组，简称固定数组；若一个数组定义之后，元素个数在程序运行过程中可以改变，这样的数组称为动态数组。

6.2 数组的声明和应用

6.2.1 数组声明语句

Dim 语句除用于定义简单变量的类型外，还可用于定义数组，确定数组的维数及每一维取值范围，以便在内存中分配相应的存储空间，存放数组中的数据。用 Dim 定义数组有两种方式。

（1）指定下标的上界，而下标的下界默认为 0。

一维数组的定义格式：Dim 数组名(下标上界) As 类型名

二维数组的定义格式：Dim 数组名(第一维的下标上界,第二维的下标上界) As 类型名

说明：

①这里只给出了下标的上界，下标的下界默认为 0。

②可以借助 Option Base 命令人为地选择下标从 0 开始或从 1 开始。格式为：

Option Base n

这里 n 只能是 0 或 1。若 n=1，则程序中定义的所有数组的所有下标都从 1 开始（若 n=0，则该语句是多余的，因为默认下标值从 0 开始）。

③定义数组下标的上、下界值不得超过 Long 数据类型能表示的范围。

例如：

Dim Sum(10) As Long　　　'定义长整型一维数组，共 11 个元素，下标为 0～10

Dim M(3,4) As Integer　　　'定义整型 4×5 的二维数组，共 20 个元素

（2）指定下标的取值范围，定义数组时指定下标的上界、下界（-32768～32768）。

一维数组的定义格式：Dim 数组名(下标下界 To 下标上界)

二维数组的定义格式：Dim 数组名(下标下界 To 上界,第二维的下界 To 上界)

例如：

Dim a(-3 to 6) As Integer　　　　　'定义整型一维数组，共 10 个元素，下标从-3～6

Dim M(1 To 10,1 To 10) As Double　'定义 10×10 的二维数组，共 100 个元素

Dim D(1 To 3,1 To 10,1 To 5)　　　'定义 3×10×5 的三维数组，共 150 个元素

数组一旦定义，机器将分配存储单元并初始化各元素，这与定义变量相同，数值型数组的各元素都初始化为 0，字符型数组的各元素都初始化为空。

引用数组元素时，数组名、数组类型、数组维数、使用的下标（索引号）的范围都必须与数组声明一致。

针对本章开始提出的问题，"求一批数的平均值，并输出大于其平均值的数"，可以通过书写 Visual Basic 程序来实现。运行结果如图 6-2 所示。

图 6-2　引例程序结果

```
Private Sub Form_Click()
    List1.Clear: List2.Clear
    Const n = 10                              '设有 n 个数据
    Dim sum As Single, aver As Single
    Dim a(1 To n) As Integer                  '定义有 n 个元素的一维数组
    sum = 0
    Randomize
    For i = 1 To n                            '产生 n 个随机数依次存放到 a(1),a(2),...,a(n)中
        a(i) = Int(Rnd * 90 + 10)
        List1.AddItem a(i)                    '在列表框中输出数组的每个元素
        sum = sum + a(i)
    Next i
    aver = sum / n                            '计算 n 个数的平均值
    Label1.Caption = "平均值是：" & aver
    For i = 1 To n                            '筛选出大于平均值的数据输出在列表框 2 中
        If a(i) > aver Then List2.AddItem a(i)
    Next i
End Sub
```

```
Private Sub Form_Load()
    Form1.Caption = "数组应用初步"
    Frame1.Caption = "随机产生一批整数"
    Frame2.Caption = "大于平均值的数据"
    End Sub
```

另外，在 Visual Basic 中，数组与变量一样，随着定义的位置和形式的不同，有着不同的作用范围。

①可以用 Public 定义全局数组。在程序模块(包含有程序代码的程序文件,如窗体文件.frm)的通用段，即在程序代码的起始部分，且不在任何过程内，用 Public 语句声明的数组为整个应用程序均可以访问的公用数组（全局数组），格式为：

Public　数组名(维数及下标范围) As　类型

这里的维数及下标范围与上面用 Dim 定义数组的形式相同。同样，用 Public 定义的变量为全局（公用）变量。

②用 Private 或 Dim 定义模块级数组。在程序模块的通用段用 Private 或 Dim 语句定义的数组都是在该程序模块内，各过程块可以访问的模块级数组，其格式与上面介绍的 Dim 定义数组的格式相同：

Private|Dim　数组名(维数及下标范围) As　类型

③用 Private 或 Dim 定义局部数组。在某个过程内用 Private 或 Dim 定义的数组为该过程的局部数组，只能在定义的过程内访问局部数组，当过程执行结束后，所定义的数组也就从内存中被自动清除掉。定义格式同上。

④也可以用 Static 语句定义数组，所定义的数组称为静态数组，与静态变量一样，在过程中使用，在整个代码运行期间都能保留使用 Static 语句声明的数组各元素的值，直至该模块复位或重新启动。要注意区分静态数组和固定数组是不同的两个概念，前者是指数组中的各个元素都是静态变量，后者是指数组元素的个数保持不变。

6.2.2　Array 函数

在 Visual Basic 程序中经常通过赋值语句或 InputBox 函数为变量或数组元素赋值。也可以用 Array 函数，根据数据表生成一个一维数组，该数组的类型为 Variant，其使用格式为：

变体名=Array(数据表)

其中，"变体名"是预先定义的类型为变体的变量名，"数据表"是一个用逗号隔开的值表，这些值用于给函数返回的 Variant 所包含的数组各元素赋值。例如，创建一个工程，为窗体编写 Activate 事件过程如下：

```
Private Sub Form_Activate()
    Dim a As Variant, b As Variant
    a = Array(1, 2, 3, 4)                          '生成数组 a
    b = Array("This", "Array", "String", "Variant") '生成数组 b
    For i = 0 To 3                                  '数组 a，b 的下标从 0 开始
        Print a(i); Spc(2); b(i)
    Next
    End Sub
```

程序运行后，窗体上显示结果如图 6-3 所示。

图 6-3 使用 Array 函数生成数组

说明：

①使用 Array 函数时，"变体名"后面不能有括号，也没有维数和上界，下界默认为 0 或由 Option Base 语句决定。

②Array 函数只能根据数据表生成一个一维数组，不能生成二维数组或多维数组。数据表中各个数据的类型可以相同，也可以不同。

6.2.3 数组应用

例 6-1 已知数列的第 1，2 项均为 1，从第 3 项开始，以后各项的值均为其前两项之和，写程序输出该数列的前 10 项值。（此数列叫斐波那契（Fibonacci）数列，第 5 章曾经讲过）。

分析：如果用数组 f(0)、f(1)、f(2)、…、f(n) 依次存储该数列的各项，则计算第 i 项的递推公式为：f(i)=f(i-1)+f(i-2)。比第 5 章采用的方法简单，可以很容易写出其程序如下，运行结果如图 6-4 所示。

```
Private Sub Form_Click()
Dim f(1 To 10) As Currency
f(1)= 1: f(2)= 1
List1.AddItem "第 1 项=" & f（1）          '单独输出第 1、2 项
List1.AddItem "第 2 项=" & f（2）
For i = 3 To 10                          '从第 3 项开始自动产生
    f(i) = f(i - 2) + f(i - 1)
    List1.AddItem "第" & i & "项=" & f(i)
Next i
End Sub
```

图 6-4 斐波那契数列

例 6-2 随机产生 10 个两位整数，找出其中的最大数、最小数和平均数。

分析：定义一个一维数组存放 10 个随机数。然后在这 10 个数中找出最大值、最小值和平均值。

设计步骤如下：

在窗体上添加 1 个框架 Frame1、1 个列表框 list1，3 个标签 Label1～Label3、3 个文本框 Text1～Text3、3 个命令按钮 Command1～Command3。程序界面如图 6-5 所示。

```
Dim a(1 To 10) As Integer          '多个事件过程共用数组
```

```
Private Sub Form_Activate()
    Randomize Time
    For i = 1 To 10                          '产生 10 个随机整数显示在 list1 中
        a(i) = Int(Rnd * 90) + 10
        List1.AddItem a(i)
    Next
End Sub
Private Sub Command1_Click()
    List1.Clear
    Text1.Text = "": Text2.Text = "": Text3.Text = ""
    Form_Activate                            '触发 Form_Activate 事件过程，重新产生数据
End Sub
Private Sub Command2_Click()
    Dim max As Integer, min As Integer, s As Single, i As Integer
    min = 100: max = 10: s = 0               '设置变量保存最大、最小数
    For i = 1 To 10                          '在保存的 10 个数中找最大、最小数，求平均数
        If a(i) > max Then max = a(i)
        If a(i) < min Then min = a(i)
        s = s + a(i)
    Next
    Text1.Text = max
    Text2.Text = min
    Text3.Text = s / 10
End Sub
Private Sub Command3_Click()
    Unload Me
End Sub
```

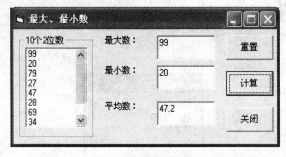

图 6-5　求 10 个数中的最大数、最小数

例 6-3　数组元素的循环移动。

数组元素的循环移动，包括循环左移动和循环右移动。这里以循环右移动为例加以说明。

循环右移动过程是：将最后面的元素保存起来，再将前面的元素依次右移动，最后将保存的数据放入 A(1)中，这个移动过程如下所示：

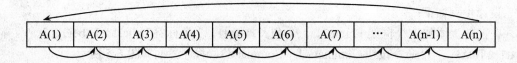

循环右移的主要代码：

```
X=a(n)
For i=n-1 to 1 step -1
A(i+1)=a(i)
Next i
A(1)=x
```

或者：

```
X=a(n)
For i=n to 2 step -1
A(I)=A(I-1)
Next i
A(1)=x
```

循环左移的主要代码：

```
X=a(1)
For i=1 to n-1
A(i)=a(i+1)
Next i
A(n)=x
```

或者：

```
X=a(1)
For i=2 to n
A(I-1)=A(I)
Next i
A(n)=x
```

对于循环右移，如果赋值是按照从前向后的顺序来进行的，则会得出错误的结果（为什么？）。下面是循环移动数据（左移或右移动）的程序，运行结果如图 6-6 所示。

```
Const n = 10                '定义多个过程共用的符号常量和数组
Dim a(1 To n) As Integer
Private Sub Command1_Click()
For i = 1 To n              '产生 n 个整数
  a(i) = Int(Rnd * 90 + 10)
Next i
For i = 1 To n
Print a(i);
Next i
Print
End Sub
Private Sub Command2_Click()
temp = a（1）               '保存 a（1）
For i = 1 To n - 1          '循环左移
a(i) = a(i + 1)
Next i
a(n) = temp
Print "循环左移结果："
For i = 1 To n
Print a(i);
Next i
Print
End Sub
Private Sub Command3_Click()
temp = a(n)                 '保存 a(n)
For i = n To 2 Step -1      '循环右移
a(i) = a(i - 1)
Next i
a（1）= temp
Print "循环右移结果："
For i = 1 To n
Print a(i);
```

```
Next i
Print
End Sub
Private Sub Form_Load()
Form1.Caption = "循环移动数据"
Command1.Caption = "产生数据"
Command2.Caption = "循环左移"
Command3.Caption = "循环右移"
End Sub
```

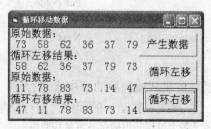

图 6-6   循环移动数据操作

例 6-4 顺序查找。

将一批数据放在一维数组 A 中，待查找的数据放在变量 X 中，将 X 与数组 A 中所有元素一一进行比较，以便判断 X 是否在 A 数组中出现，这个过程称为顺序查找。

查找的方法很多，一种是找到第一个与 X 匹配的数就结束查找，另外一种是找到所有满足条件的数。但不管哪种查找，如果没有找到符合条件的数均要给出说明。

程序设计步骤：

①在窗体上画 2 个列表框，分别显示原始数据和符合条件的数及其位置，2 个框架，2 个命令按钮。1 个文本框（输入拟查找的数），1 个标签。程序界面如图 6-7 所示。

②书写程序代码如下：

```
Const n = 10
Dim a(1 To n) As Integer
Private Sub Command1_Click()
Randomize
List1.Clear
For i = 1 To n
a(i) = Int(Rnd * 90 + 10)
List1.AddItem a(i)                          '将原始数据显示在列表框 1 中
Next i
End Sub
Private Sub Command2_Click()
flag = False
x = Val(Text1.Text)
List2.Clear
For i = 1 To n
  If a(i) = x Then
    List2.AddItem "第" & i & "个数是" & a(i)    '将找到的数及索引号显示在列表框 2 中
    flag = True                              '标志变量用于标示是否查找到数据
  End If
```

Next i
If flag = False Then List2.AddItem "没有此数！" '如果没有此数应该给出说明
End Sub
Private Sub Command3_Click()
Unload Me
End Sub
Private Sub Form_Load()
Form1.Caption = "顺序查找"
Frame1.Caption = "原始数据": Frame2.Caption = "结果数据"
Command1.Caption = "产生数据": Command2.Caption = "查找"
Command3.Caption = "结束": Label1.Caption = "待查数据"
Text1.Text = ""
End Sub

图 6-7 顺序查找程序运行界面

　　程序完成的功能是找到所有满足条件的数，假设要求找到第一个满足条件数就结束查找过程，程序应该怎样修改？
　　另外，为了对没有找到数据的情况给出说明，程序中设置了标志变量。使用标志变量是程序设计的一种技巧，自己约定一个变量的两种取值，用以标志程序运行的两种状态，以区分自己想识别的两种情况。读者可以学习使用。
　　例 6-5　从数组中删除指定元素。
　　从数组中删除数据实际是完成查找和移动两个操作过程。程序运行界面如图 6-8 所示。

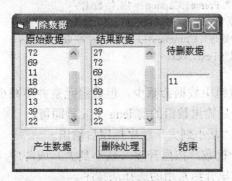

图 6-8 删除操作运行界面

程序设计步骤：
①用 2 个列表框分别显示原始数据和删除数据后保留的数据。
②书写程序代码如下：

```
Const n = 10
Dim a(1 To n) As Integer
Private Sub Command1_Click()
Randomize
List1.Clear: List2.Clear: Text1.Text = ""
For i = 1 To n
a(i) = Int(Rnd * 90 + 10)
List1.AddItem a(i)                    '将原始数据显示在列表框 1 中
Next i
End Sub
Private Sub Command2_Click()
leng = n                              '存放数据个数
x = Val(Text1.Text)
List2.Clear
i = 1
Do While i <= leng
  If a(i) = x Then                    '如果 a(i)应该删除则后面元素往左移动
    For j = i To leng - 1
      a(j) = a(j + 1)
    Next j
    leng = leng - 1                   '元素个数减 1
  Else
    i = i + 1
  End If
Loop
For i = 1 To leng                     '删除数据实际是只输出剩余的数
    List2.AddItem a(i)
Next i
End Sub
Private Sub Command3_Click()
Unload Me
End Sub
Private Sub Form_Load()
Form1.Caption = "删除数据": Frame1.Caption = "原始数据"
Frame2.Caption = "结果数据": Command1.Caption = "产生数据"
Command2.Caption = "删除处理": Command3.Caption = "结束"
Label1.Caption = "待删数据": Text1.Text = ""
End Sub
```

随着删除操作进行，数组中数据会减少，但数组元素并不减少，故程序中设置了一个存放数据个数的变量 leng，最后输出数组的前 leng 个元素即可。

例 6-6　将一批数据按"从小到大"顺序排序后输出。

排序是将无序存放的一批数，按照升序（从小到大）或降序（从大到小）重新存放的过程。排序的算法有很多，这里介绍常用的选择法排序。

选择法排序的思想是：

将数组的第一个元素 A(1)依次与它后面的元素进行比较，若存在比 A(1)小的数，则将它与 A(1)交换，即把小的数据放在 A(1)中，大的数放在对应位置上。这样就能保证把数组中的最小数放到数组的第一个位置 A(1)上。

第二步，将数组的第二个元素 A(2)依次与它后面的元素进行比较，方法同上，即可在数组的第二个位置 A(2)中存放除第一个元素之外的最小数。

第三、第四、… 等位置上的数据依次重复采用上述方法即可找到，每个位置上存放的数都确定后即排序完成。

上述每一步中的比较、交换操作都可以用一个循环实现；而第一步，第二步，……又是在做重复的工作，所以应该使用二重循环实现上述排序过程。

利用 2 个列表框分别显示原始数据和排序后数据，程序运行结果如图 6-9 所示，代码如下：

```
Const n = 10
Dim a(1 To n) As Integer
Private Sub Form_Load()
Form1.Caption = "排序"
Frame1.Caption = "原始数据"
Frame2.Caption = "结果数据"
Command1.Caption = "产生数据"
Command2.Caption = "排序处理"
Command3.Caption = "结束"
End Sub
Private Sub Command1_Click()
Randomize
List1.Clear: List2.Clear
For i = 1 To n
a(i) = Int(Rnd * 90 + 10)
List1.AddItem a(i)          '将原始数据显示在列表框 1 中
Next i
End Sub
Private Sub Command2_Click()
Dim temp As Integer
List2.Clear
For i = 1 To n - 1
  For j = i + 1 To n
    If a(i) > a(j) Then
        temp = a(i): a(i) = a(j): a(j) = temp
    End If
  Next j
Next i
For i = 1 To n
   List2.AddItem a(i)
Next i
End Sub
Private Sub Command3_Click()
Unload Me
End Sub
```

图 6-9　排序操作结果

程序逻辑清晰、简单，但每次找到一个需要交换的数就马上交换，以后可能还要被后面新的数交换，作了一些无用工作，故这种算法效率较低，因此可以改进。具体方法是寻找每一轮中最小数的位置，每当第 i 轮比较完成，仅将第 i 轮中最小数和 a(i)交换，算法流程图如图 6-10 所示，读者可以写出对应代码。

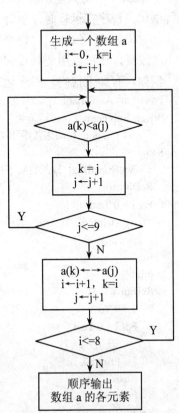

图 6-10　改进选择法排序

6.3　动态数组及声明

在程序设计时，有些数组的大小可能并不能确定，定义过大会浪费机器内存，定义过小又不够用，那么针对具体程序来讲，数组到底应该有多大才能满足程序需要呢？动态数组就可以在程序运行过程中改变数组的大小。在 Visual Basic 程序中，动态数组灵活、方便，有助于内存的管理。

6.3.1　建立动态数组

创建动态数组分两步进行：

（1）声明动态数组。给数组赋予一个空维数表，这样就将数组声明为动态数组。例如：

Dim DynArray()　　　　　　'大小不定

（2）用 ReDim 语句分配实际的元素个数。格式为：

ReDim [Preserve] 数组名(维数与下标范围) [As 类型]

例如：

x=9

ReDim DynArray (x + 1)　　'把 DynArray 定义为一维数组，有 11 个元素

ReDim DynArray (4,4)　　'把 DynArray 定义为 5×5 的二维数组，有 25 个元素

说明：

①ReDim 语句只能出现在过程中。与 Dim 语句、Static 语句不同，ReDim 语句是一个可执行语句。程序在运行时，执行一个重新为数组分配存储单元的操作。

②对于每个一维数组，每个 ReDim 语句都能改变元素数目以及上下界。同时，数组的维数也能改变，还可以用变量设置动态数组的边界。

例如，有如下代码，程序运行后，窗体显示情况如图 6-11 所示。

```
Private a() As Variant          '定义模块级动态数组
Private Sub Form_Load()
    Form1.Caption = "动态数组示意"
Show
    n = Val(InputBox("输入数组下标的上界", "输入下标上界", 25))
    ReDim a(n)                  '程序运行时确定数组大小
    For i = 0 To n
        a(i) = Chr(65 + i)
        Print a(i);
    Next
    Print
    ReDim a(3, 4)               '重新确定数组大小
    For i = 0 To 3
        For j = 0 To 4
            a(i, j) = i + j
            Print a(i, j);
        Next
        Print
    Next
End Sub
```

图 6-11 使用动态数组

③如果已将一个动态数组声明为某种数据类型，则不能再使用 ReDim 语句将该数组改为其他数据类型的数组。

例 6-7 编写程序，输出杨辉三角形的前 n 行。

分析：杨辉三角形的特点是：第一行为 1，每行第一个和最后一个数字为 1，其余各数等于上一行中前一列元素与上一行同一列元素之和，上一行同一列没有元素时则认为是 0，如图 6-12 所示。

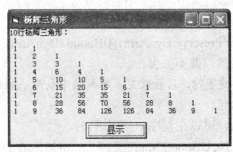

图 6-12 用动态数组保存、输出杨辉三角形

具体操作时可以将杨辉三角形各位置上的数赋给一个二维数组 A，第一个下标表示行数，第二个下标表示列数。这样各行非 1 的数可用递推公式：A(i,j)=A(i-1,j-1)+A(i-1,j)得到。

程序设计步骤：

①在窗体上添加 1 个命令按钮 Command1。

②编写程序代码。

输入要显示的杨辉三角形的行数，定义存储杨辉三角形的二维数组，用递推公式为数组各元素赋值，输出杨辉三角形。代码如下：

```
Dim A() As Integer
Private Sub Command1_Click()
    Cls
read:   n = Val(InputBox("请输入杨辉三角形的行数(<=15): "))
    If n > 15 Then MsgBox "行数不能超过 15": GoTo read
    ReDim A(n - 1, n - 1) As Integer        '定义动态数组
    For i = 0 To n - 1
      A(i, 0) = 1: A(i, i) = 1
    Next
    For i = 2 To n - 1
      For j = 1 To i
        A(i, j) = A(i - 1, j - 1) + A(i - 1, j)
      Next
    Next
    Print n & "杨辉三角形: "
```

```
        For i = 0 To n - 1                          '显示已生成的二维数组
          For j = 0 To i
            Print Tab(j * 6); A(i, j);
          Next
        Next
    End Sub
    Private Sub Form_Load()
      Form1.Caption = "杨辉三角形": Command1.Caption = "显示"
      Me.FontSize = 9
    End Sub
```

6.3.2　保留动态数组的内容

每次执行 ReDim 语句时，Visual Basic 将重新对数组元素初始化，当前存储在数组中的数据都会丢失。如果希望改变数组大小，但又不丢失数组中原有的数据，使用具有 Preserve 关键字的 ReDim 语句就可做到。

例如，使用语句：ReDim Preserve DynArray(UBound (DynArray) + 1)，则可以使数组扩大、增加一个元素，而现有元素的值并不丢失。

注意：在用 Preserve 关键字时，只能改变多维数组中最后一维的上界；如果改变了其他维或最后一维的下界，将会出错。

例如有二维数组 Matrix，可以在程序中使用语句：

ReDim Preserve Matrix(10, UBound(Matrix,2) + 1)，增加第二个下标的上界。而不能使用语句：ReDim Preserve Matrix(UBound (Matrix, 1) + 1, 10)，增加第一个下标的上界。

说明：

①UBound 函数。返回一个 Long 型数据，其值为指定的数组维可用的最大下标。

[格式]　UBound(数组名[,维序号])

其中，维序号的默认值为 1。

②LBound 函数。返回一个 Long 型数据，其值为指定的数组维可用的最小下标。

[格式]　LBound(数组名[,维序号])

UBound 函数与 LBound 函数一起使用，用来确定一个数组的大小。

例 6-8　保留动态数组的内容。

（1）在窗体上添加 2 个图片框和 2 个命令按钮。程序用户界面如图 6-13 所示。

图 6-13　例 6-8 结果

（2）编写程序代码如下：

```
Dim a() As Integer                      '定义动态数组
Dim m as integer, n As Integer          '基础数组的行和列
```

```
Private Sub Form_Load()
  Command1.Caption = "基础数组": Command2.Caption = "扩展列的数组"
  Form1.Caption = "保留动态数组的数据"
End Sub
```

编写 Command1_Click()事件过程，生成 m×n 数组并赋值。

```
Private Sub Command1_Click()
  m = Val(InputBox("请输入基础数组的行数(<3)"))
  n = Val(InputBox("请输入基础数组的列数(<5)"))
  ReDim a(1 To m, 1 To n)
  Picture1.Cls
  For i = 1 To m
    For j = 1 To n
      a(i, j) = Int(Rnd * 10)
      Picture1.Print a(i, j);
    Next
    Picture1.Print
  Next
End Sub
```

编写 Command2_Click，将动态数组增加 2 列并为增加的元素赋值。

```
Private Sub Command2_Click()
  ReDim Preserve a(1 To m, 1 To n + 2)        '重新定义数组大小
  Picture2.Cls
  For i = 1 To UBound(a, 1)                    '为增加的元素赋值
    For j = UBound(a, 2) - 1 To UBound(a, 2)
      a(i, j) = Int(Rnd * 10)
    Next
  Next
  For i = 1 To UBound(a, 1)                    '重新输出新数组
    For j = 1 To UBound(a, 2)
      Picture2.Print a(i, j);
    Next
    Picture2.Print
  Next
End Sub
```

注意：如果在过程中用 Static 定义动态数组，其中的元素将丢失静态变量的特征，因为 ReDim 语句要为其重新分配存储单元，各元素重新初始化为 0。为了各元素具有静态变量的特征，执行 ReDim 语句时，要带上参数 Preserve。

6.3.3　数组刷新语句

数组刷新语句（Erase）适用于固定数组和动态数组，清除固定数组元素的内容，释放动态数组占用的存储空间。

其语法格式为：Erase 数组名表。

其中"数组名表"是一个或多个用逗号隔开的需要清除的数组变量。

说明：

①对固定数组，Erase 语句将数组重新初始化。

②对动态数组，Erase 将释放动态数组所使用的内存空间。在下次引用该动态数组之前，程序必须使用 ReDim 语句重新定义该数组变量的维数。

例如，运行下面程序代码后，单击窗体，固定数组被重新初始化为 0，如图 6-14 所示。

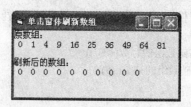

图 6-14   数组刷新示例

```
Dim a(9) As Integer
Private Sub Form_Activate()
    Form1.Caption = "单击窗体刷新数组"
    Dim i As Integer
    For i = 0 To 9
      a(i) = i * i
    Next
    Print "原数组："
    For i = 0 To 9
        Print a(i);
    Next
    Print
    Print
End Sub
Private Sub Form_Click()
    Erase a                    '刷新数组
    Print "刷新后的数组："
    For i = 0 To 9
        Print a(i);
    Next
    Print
End Sub
```

6.4   For Each...Next 循环语句

For Each...Nex 语句与 For...Next 语句类似，也用于执行指定次数的重复操作。不同的是，For Each...Next 语句是针对一个数组或集合中的每个元素，重复执行一组语句。

语法格式为：

```
For Each 成员 In 数组名
    循环操作语句组
     [Exit For]
    循环操作语句组
Next [成员]
```

说明：

①"成员"用来遍历集合或数组中所有元素的变量。对于数组而言，"成员"只能是一个

Variant 变量。"数组名"只能是数组的名称，没有圆括号和上下界。

②循环操作语句是针对数组中的每一元素执行的一条或多条语句。当数组中的所有元素都执行完了，便会退出循环，然后执行 Next 的后续语句。

③循环体中可以出现任意个 Exit For 语句，随时退出循环。

④For Each...Next 循环也可以嵌套使用。

⑤不能在 For Each...Next 语句中使用用户自定义类型数组。

注意：对数组中元素的操作包括查询、显示或读取，但不能修改、赋值。

例如，下面程序代码利用 For Each...Next 访问数组元素：

```
Private Sub Form_Activate()
  Form1.Caption = "使用 For Each...Next 语句"
  Dim a(9) As Integer, x As Variant
  Randomize
For i = 0 To UBound(a)            '用 For...Next 语句为数组各元素赋值
    a(i) = Int(Rnd * 100)
  Next
  Print "用 For...Next 语句输出数组："
  For Each x In a
    Print x;
  Next
  Print
  For Each x In a                  '企图用 For Each...Next 语句使数组各元素加 1
    x = x + 1
  Next
  Print "用 For Each...Next 语句对各元素加 1 后："
  For Each x In a
    Print x;
  Next
  Print
  Max = 0: Min = 100
  For Each x In a                  '查找数组 a 中元素的最大数、最小数并求总和
    If x > Max Then Max = x
    If x < Min Then Min = x
    Sum = Sum + x
  Next
  Print "Max="; Max
  Print "Min="; Min
Print "Sum="; Sum
End Sub
```

图 6-15　使用 For Each...Next 语句

运行程序，结果如图 6-15 所示。从图上可以看到，For Each...Next 语句企图为元素加 1，但失败了。但是能成功地输出显示数组中的每一个元素，也能顺利找到数组元素中的最大数、最小数和求各元素的总和。

<h1 style="text-align:center">6.5 控件数组</h1>

6.5.1 控件数组的概念

除了提供变量特性的数组之外，在 Visual Basic 中还可以创建和使用控件数组。控件数组由一组相同类型的控件组成，它们具有以下特点：

（1）是具有相同名称（Name）、类型以及事件过程的一组控件。

（2）每一个控件具有一个唯一的索引号（Index）。

（3）当数组中的一个控件识别某一事件时，它将调用此控件数组相应的事件过程，并把相应索引作为参数传递，允许用代码决定是哪一个控件识别此事件。

（4）在控件数组中可用到的最大索引值为 32767。同一控件数组中的元素有自己的属性设置值。

在设计时，使用控件数组添加控件所消耗的资源比直接向窗体添加多个相同类型的控件消耗的资源要少。

希望若干控件共享代码时，控件数组也很有用。如创建了一个包含三个选项按钮的控件数组，则无论单击哪个按钮都将触发同一事件过程的代码。

若在程序运行时创建一个控件的新元素，则新控件必须是控件数组的成员。使用控件数组时，每个新成员将拥有数组的公共事件过程。

6.5.2 控件数组的建立

在程序设计时，有三种方法可以创建控件数组：

● 将相同名字赋予多个同类控件。

● 复制现有的控件并将其粘贴到窗体上。

● 将控件的 Index 属性设置为非 Null 数值。

（1）将相同名字赋予多个同类控件。

1）绘制控件数组中要添加的控件（必须为同一类型的控件）。决定哪一个控件作为数组中的第一个元素。

2）选定控件并将其 Name 设置值变成数组第一个元素的 Name 设置值。

3）在数组中为控件输入相同名称时，Visual Basic 将显示一个对话框，要求确认是否要创建控件数组。此时选择"是"确认操作，如图 6-16 所示。

图 6-16 确认创建控件数组

　　例如，在窗体上添加三个命令按钮，若控件数组第一个元素名为 Command1，并将其他命令按钮的名称也设置为 Command1，此时将弹出图 6-16 所示对话框，选择"是"，这三个命令按钮就组成一个名为 Command1 的控件数组，各元素的 Index 属性值分别为 0、1、2。

　　建立 Command1 控件数组后，如果在代码编辑窗口的对象列表框中选择控件数组名 Command1，则系统会自动生成该控件数组 Command1 的 Click 事件过程框架：

```
Private Sub Command1_Click(Index As Integer)

End Sub
```

该事件过程参数表中的 Index，是程序运行时返回的参数，标识用户按下的是哪个命令按钮。如果为上面的事件过程添加如下的代码：

```
Private Sub Command1_Click(Index As Integer)
    Select Case Index
        Case 0
            Command1(0).Caption = "第一个命令按钮"
            Command1(1).Caption = "Command1"
            Command1(2).Caption = "Command1"
        Case 1
            Command1(0).Caption = "Command1"
            Command1(1).Caption = "第二个命令按钮"
            Command1(2).Caption = "Command1"
        Case 2
            Command1(0).Caption = "Command1"
            Command1(1).Caption = "Command1"
            Command1(2).Caption = "第三个命令按钮"
    End Select
End Sub
```

则在运行程序后，用户单击哪个命令按钮，其显示的标题便会变为中文，没有点击到的命令按钮标题会还原。如图 6-17 所示。

　　（2）复制现有控件并将其粘贴到窗体上。

　　1）绘制控件数组中的第一个控件。

　　2）当控件获得焦点时，选择"编辑"菜单中的"复制"命令，或按 Ctrl+C 键。

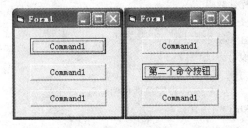

图 6-17　用 Index 属性区分控件数组中的元素

　　3）在"编辑"菜单中，选择"粘贴"命令，或按 Ctrl+V 键。Visual Basic 将弹出如图 6-16 所示对话框，选择"是"按钮确认操作。

　　注意：每个新数组元素的索引值与其添加到控件数组中的次序相同。这样添加控件时，大多数可视属性，例如高度、宽度和颜色，将从数组中第一个控件复制到新控件中。

4）继续在"编辑"菜单中，选择"粘贴"命令，或按 Ctrl+V，可以得到控件数组中的其他控件元素。

（3）将控件的 Index 属性设置为非 Null 数值。

1）绘制控件数组中的第一个控件。

2）将其索引 Index 值改为 0。

3）复制控件数组中的其他控件（不会出现创建控件数组的提示）。

6.5.3 控件数组的应用

（1）在设计程序时创建控件数组。

在程序设计阶段创建的控件数组，其使用与一般的控件相同。不同的是，一个控件数组的所有成员共享一个事件过程，当一个控件数组成员识别一个事件时，Visual Basic 将其 Index 属性值作为一个附加的参数传递给控件数组的事件过程。事件过程必须包含有核对 Index 属性值的代码，因而可以判断出正在使用的是哪一个控件。

例 6-9 按图 6-18 设计窗体，创建包含 6 个元素的控件数组，要求单击某个单选按钮时，能够改变文本框中文字的大小。

设计步骤如下：

①在窗体上先画 1 个标签 Label1 和 1 个框架 Frame1，然后用上面介绍的方法，在框架中创建一个含有 6 个单选按钮的控件数组，控件数组名为 Option1。

图 6-18 使用控件数组

②编写程序代码。

```
Private Sub Form_Load()
    Form1.Caption = "使用控件数组"
    Label1.AutoSize = True:   Label1.BorderStyle = 1
    Label1.BackColor = RGB(255, 255, 255)
    Label1.Caption = "程序设计方法"
    Frame1.Caption = "选择字号 "
    For i = 0 To 5                          '设置单选按钮标题
        Option1(i).Caption = Str(i * 4 + 10)
    Next
End Sub
```

编写单选按钮控件数组的 Click 事件过程，实现字号选择。代码如下：

```
Private Sub Option1_Click(Index As Integer)      '单击某按钮则触发该过程
    Select Case Index
        Case 0
            Label1.FontSize = 10
```

```
     Case 1
         Label1.FontSize = 4 + 10
     Case 2
         Label1.FontSize = 4 * 2 + 10
     Case 3
         Label1.FontSize = 4 * 3 + 10
     Case 4
         Label1.FontSize = 4 * 4 + 10
     Case 5
         Label1.FontSize = 4 * 5 + 10
     End Select
End Sub
```

（2）在程序运行时添加控件数组元素。

在运行程序时，可用 Load 和 Unload 语句添加和删除控件数组中的控件元素。但必须在窗体设计时创建一个 Index 属性值为 0 的控件（注：Index 属性在程序运行时是只读的），然后在程序中使用语法格式：

```
Load object(Index%)
Unload object(Index%)
```

其中：

Object 为要添加或删除控件元素的控件数组名称；Index%为控件元素在数组中的索引号，一定是一个整数。

说明：

①加载控件数组的新元素时，Visual Basic 将根据最小下标的现有元素（如索引号为 0 的元素）复制大多数的属性值，但也有少量属性不能被复制，如 Visible、Index 和 TabIndex 等，所以，为了使新添加的控件可见，必须将其 Visible 属性设置为 True。

②Unload 语句可以删除所有由 Load 语句创建的控件，但不能删除窗体设计时创建的控件，无论它们是否是控件数组的元素。

③使用 With 语句，可方便地对控件进行系列属性值设置。

```
With object
   [statements]
End With
```

其中：

object 为一个对象或用户自定义类型变量的名称；statements 为要执行在 object 上的一条或多条语句。

下面的例子显示了使用 With 语句给同一个对象的几个属性赋值的过程。

```
Private Sub Form_Click()
  With Label1
     .BorderStyle = 1
     .FontBold = True
     .Height = 2000
     .Width = 2000
     .Caption = "This is MyLabel"
  End With
End Sub
```

当程序一旦进入 With 块，object 就不能改变。因此不能用一个 With 语句来设置多个不同的对象或自定义类型变量。

例 6-10　随机产生 10 个 2 位整数，输出大于其平均值的数。要求用文本框控件数组显示原始数据，用标签控件数组显示大于平均值的数据。

这个问题是本章的引例，操作算法比较简单，只是要将数据输出到文本框中。可以在程序设计时创建有 10 个元素的文本框控件数组，用于输出原始数据。再动态添加标签控件数组元素显示大于平均值的数。

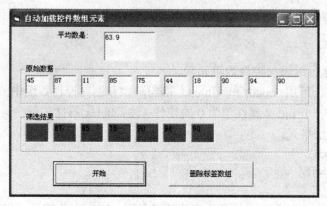

图 6-19　动态添加控件数组元素示例

程序设计步骤：

①在窗体上创建有 10 个元素的文本框控件数组，1 个标签 Label1（记住在属性窗口设置 Index=0），2 个命令按钮。标签 Label2 和文本框 Text2（显示平均值）。

②书写程序代码如下，运行结果如图 6-19 所示。

```
Dim number As Integer              '定义存放标签数组现有元素个数变量
Private Sub Form_Load()            '初始化界面
Form1.Caption = "自动加载控件数组元素":Frame1.Caption = "原始数据"
Frame2.Caption = "筛选结果"
For i = 0 To 9
  Text1(i).Text = ""
Next i
Command1.Caption = "开始":Command2.Caption = "删除标签数组"
Label2.Caption = "平均数是:":Text2.Text = ""
With Label1(0)
.BackColor = RGB(200, 0, 200)
.BorderStyle = 1
.FontSize = 10
.Caption = ""
End With
End Sub
Private Sub Command1_Click()
Dim saver As Single
Randomize
For i = 0 To 9                     '产生原始数据显示在文本框控件数组中
    Text1(i).Text = Int(Rnd * 90 + 10)
```

```
Next i
For i = 0 To 9
    saver = saver + Val(Text1(i).Text)
Next i
saver = saver / 10
Text2.Text = saver
For i = 0 To 9                          '筛选数据
If Val(Text1(i).Text) > saver Then
    number = Label1.count               '统计标签数组中已有的元素个数
    Load Label1(number)                 '添加一个新的标签元素
'为新标签元素安排适当位置
    Label1(number).Left = Label1(0).Left + (Label1(0).Width + 100) * (number Mod 10)
    Label1(number).Top = Label1(0).Top + (Label1(0).Height + 50) * (number \ 10)
    Label1(number).Visible = True
    Label1(number).Caption = Text1(i).Text    '将筛选出的数据显示在新标签元素中
End If
Next i
End Sub
Private Sub Command2_Click()
number = Label1.count                   '获得标签数组下标最大值
For i = 1 To number - 1                 '删除标签数组中添加的元素
Unload Label1(i)
Next i
End Sub
```

控件数组元素的访问原理与变量数组元素访问方式一样，只是动态添加控件数组元素时，需要安排新元素在窗体上的位置，稍微复杂些，设计程序时有些技巧。

习题 6

一、单项选择题

1．假设已经使用了语句 Dim a(3,5)，下列下标变量中不允许使用的是（　　）。

    A．a(1,1)　　　　　B．a(2-1,2*2)　　　C．a(3,4)　　　　　　D．a(-1,3)

2．语句 Dim Ary(3 To 6,-2 To 2)所定义数组的元素个数为（　　）。

    A．20　　　　　　　B．16　　　　　　　C．24　　　　　　　　D．25

3．在同一控件数组中，各元素有一个属性的值必须相同，该属性是（　　）。

    A．Caption　　　　B．Index　　　　　C．Name　　　　　　D．Font

4．阅读下列程序代码，按要求选择答案。

```
Private Sub Form_activate()
    Dim d(0 To 2) As Integer
    For k = 0 To 2
        d(k) = k
        If k < 2 Then d(k) = d(k) + 3
        Print d(k);
    Next
```

　　　　End Sub

（1）该程序运行后，输出的结果是（　　）。

　　A．4　5　6　　　　B．3　4　2　　　　C．3　2　1　　　　D．3　4　5

（2）对该程序段进行如下两项修改：

①把 Dim 语句改为 Dim d(3)

②把 For 语句改为 For k=0 To 3

再运行程序，则发现（　　）。

　　A．程序修改后根本不能运行，一旦运行就会出错

　　B．程序修改后仍然可以正确运行，结果为：3 4 2 3

　　C．程序修改后有时能正确运行，但有时又会出错

　　D．程序修改后，第一次运行很正常，以后再运行就会出错

5．下列程序的运行结果是（　　）。

```
Private Sub Form_Click()
    Dim a(3, 3) As Integer
    For i = 1 To 3
        For j = 1 To 3
            If i = j Then a(i, j) = 1 Else a(i, j) = 0
            Print a(i, j);
        Next
        Print
    Next
End Sub
```

　　A．1　1　1　　　B．0　0　0　　　C．1　0　0　　　D．1　0　1
　　　　1　0　1　　　　　0　1　0　　　　　0　1　0　　　　　0　1　0
　　　　1　1　1　　　　　0　0　0　　　　　0　0　1　　　　　1　0　1

6．下列程序段的运行结果是（　　）。

```
Private Sub Form_Click()
    Dim d
    d = Array(1, 2, 3, 4, 5)
    n = 1
    For k = 4 To 2 Step -1
        s = s + d(k) * n
        n = n * 10
    Next
    Print s
End Sub
```

　　A．123　　　　　B．234　　　　　C．345　　　　　D．112

7．在窗体（Form1）上建立了一个命令按钮数组，数组名为 Command1。请在下面空白处填入合适内容，使之单击任一命令按钮时，将该按钮的标题作为窗体标题。

```
Private Sub Command1_Click(Index As Integer)
    Form1.Caption = (　　)
End Sub
```

　　A．Command1(Index).Caption　　　　B．Command1.Caption(Index)

　　C．Command1.Caption　　　　　　　D．Command1(Index+1).Caption

二、多项选择题（要求在五个备选答案中选择多个正确答案）

1．以下说法中正确的有（　　　）。
　　A．使用 ReDim 语句可以改变数组的类型
　　B．使用 ReDim 语句将释放动态数组所占用的存储空间
　　C．使用 ReDim 语句可以保留动态数组中原有的内容
　　D．使用 ReDim 语句将释放固定数组所占的存储空间
　　E．使用 ReDim 语句可重新定义动态数组的大小

2．下列数组声明中正确的是（　　　）。
　　A．Dim a(10 To 1) As Integer　　　B．n=5
　　　　　　　　　　　　　　　　　　　　　Dim a(n) As Integer
　　C．Dim a() As Single　　　　　　　D．Dim a() As Integer
　　　　ReDim a(10) As Integer　　　　　　ReDim a(30) As Integer
　　E．Dim a() As Integer
　　　　n=50
　　　　ReDim a(n) As Integer

3．构成控件数组的多个控件必须符合的条件是（　　　）。
　　A．每个控件数组由同一类型的控件构成
　　B．每个控件具有相同的控件名
　　C．每个控件的索引 Index 属性都不为空
　　D．每个控件的位置都必须相同
　　E．每个控件的大小都必须相同

三、填空题

1．设有数组声明语句：
Option Base 1
Dim D(3, -1 To 2)
则数组 D 为_____维数组，共有_____个元素，第一维下标从_____到_____，第二维下标从到_____。

2．控件数组的名称由_____属性指定，而数组中每个元素的索引值由_____属性指定。

3．设在窗体上有一个标签 Label1 和一个文本框数组 Text1，数组 Text1 有 10 个文本框，索引号 0～9，其中存放的都是数字数据。现由用户单击选定任一文本框，然后计算从第一个文本框开始，到该文本框为止的多个文本框中的数值总和，把计算结果显示在标签中，请完善下列事件过程。

```
Private Sub Text1_Click(Index As Integer)
    Dim s As Single
    s = 0
    For k = ____(1)____ To Index
        s = s + ____(2)____
    Next
```

```
    Label1.Caption = s
End Sub
```

实验 6

一、实验目的

（1）掌握数组的声明和数组元素的引用。
（2）掌握固定数组和动态数组的使用方法。
（3）学会利用数组解决简单常见的问题。

二、实验内容

（一）运行实例程序，体会数组的使用方法。

实例 1　单击窗体，生成 10 个两位随机正整数显示在窗体上，再找出其中的最大值并输出。

```
Private Sub Form_Click()
    Dim a(1 To 10) As Integer, max As Integer
    Cls
    Randomize
    Print "随机产生的 10 个两位正整数："
    For i = 1 To 10
        a(i) = Int(Rnd * 90 + 10)
        Print a(i);
    Next i
    Print
    max = 10                          'max 的初值可以是哪些数？
    For i = 1 To 10
        If a(i) > max Then max = a(i)
    Next i
    Print "最大数是："; max
End Sub
```

实例 2　单击窗体，建立如图 6-20 所示的二维数组，并按其排列方式直接显示在窗体上。

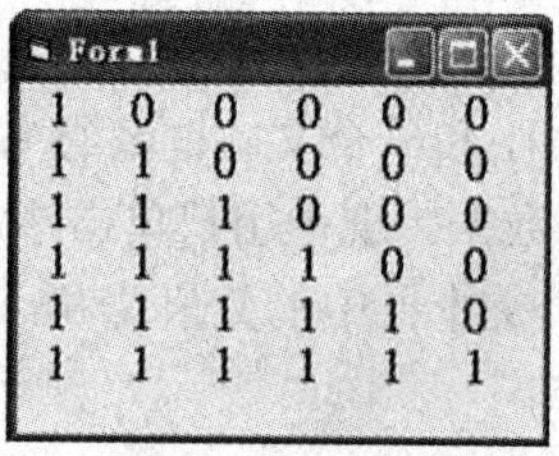

图 6-20　实例 2 界面

参考程序：
```
Private Sub Form_Click()
    Dim a(1 To 6, 1 To 6) As Integer
    For i = 1 To 6
```

```
        For j = 1 To 6
           If i >= j Then a(i, j) = 1 Else a(i, j) = 0
           Print a(i, j);
        Next j
        Print
     Next i
 End Sub
```

实例 3　设计程序，随机产生 6 个 2 位正整数存放在控件数组 Text1(0)、Text1（1）、…、Text（5）中，单击命令按钮 Command1，则在标签 Label1 中输出数组中的最大元素值，程序运行界面如图 6-21 所示。

图 6-21　实例 3 界面

操作步骤：

（1）新建一个标准 EXE 工程。

（2）在窗体上添加有 6 个文本框控件数组、1 个命令按钮和 1 个标签，注意控件的大小和位置，要保证能显示出所有数据。

（3）编写如下程序代码：

```
Private Sub Command1_Click()
        Dim max As Integer
        For i = 0 To 5
           Text1(i).Text = Int(Rnd * 90 + 10)
        Next i
        max = Text1(1).Text
        For i = 0 To 5
           If Text1(i).Text > max Then max = Text1(i).Text
        Next i
        Label1.Caption = "最大值是：" & max
End Sub
```

（二）阅读程序，写出运行结果。

1．下面程序运行时，单击窗体，在窗体上显示的结果是_____。

```
     Private Sub Form_Click()
        Dim a As Variant
        a = Array(37, 58, 69, 22, 84, 93, 77, 62)
        For i = UBound(a) To LBound(a) Step -5
           Print Trim(Str(a( i)));
        Next i
     End Sub
```

2．下面程序运行时，单击命令按钮，在窗体上显示的结果是_____。

```
     Private Sub Command1_Click ( )
        Dim X(10) As Integer, Sum As Integer
```

```
            For k = 1 To 10
                X (k) = k
            Sum = Sum + X (k)
            Next   k
        Print Sum - X (k-1)
    End Sub
```

3．下面程序运行时，单击命令按钮，在窗体上显示的结果是_____。

```
    Private Sub Command1_Click()
        Dim B(10)
        For i = 1 To 10
      B(i) = i * i
      If B(i) > 50 Then Exit For
      Next
      Print i
    End Sub
```

4．下面程序运行时，单击窗体，在窗体上显示的结果是_____。

```
    Private Sub Form_Click()
        Dim a As Variant, i As Integer
        a = Array(1, 2, 3, 4, 5)
        For i = LBound(a) To UBound(a)
            a(i) = a(i) * 2
        Next i
    Print a(i)
    End Sub
```

5．下面程序运行时，单击命令按钮，在窗体上显示的结果是_____。

```
    Private Sub Command1_Click()
        a = Array(33, 76, 89, 21, 10, 44, 57, 69, 28, 71)
        b = Array(25, 45, 89, 90, 16, 27, 83, 62, 83, 75)
        For i = UBound(a) To LBound(a) Step -1
            If a(i) <> b(i) Then c = c + 1
        Next i
        Print c
    End Sub
```

（三）根据程序功能，补充完善程序。

1．单击窗体，随机生成 10 个两位随机正整数显示在窗体上，并找出其中的最小值及其位置显示在窗体上。请完善程序。

```
    Private Sub Form_Click()
        Dim a(1 To 10) As Integer, min    As Integer
        Cls:    Randomize
            _____(1)_____
        Print "随机产生的 10 个两位正整数： "
        For i = 1 To 10
            a(i) = Int(Rnd * 90 + 10)
            Print a(i);
            If _____(2)_____ Then
                _____(3)_____
```

```
            (4)
EndIf
Next i
    Print
Print "min = "; min;
Print "pos = "; pos
End Sub
```

2．产生 50 个互不相同的 10～99 随机整数，统计各数值段（10～19，20～29，…，90～99）有多少个数。选择备选项，完善下面程序。

```
Private Sub Form_ Activate()
    Randomize
    Dim a(1 To 50) As Integer, g(1 To 9) As Integer
    A(1)= Int(10 + 90 * Rnd)
    k = 1
    Do While k < 50
        x = Int(10 + 90 * Rnd)
        f = 0                          'f=0，标识 x 不是重复数
        For j = 1 To k
            If          (1)          Then
                        (2)
                        (3)
            End If
        Next
        If f = 0 Then
            k = k + 1
                    (4)
        End If
    Loop
    For j = 1 To 50
        h = Int(a(j) / 10)
        g(h) =          (5)
    Next
    For j = 1 To 9
        Print 10 * j; "-"; 10 * j + 9, g(j)
    Next
End Sub
```

（1）A．f=1　　　　B．x>99　　　　C．x=a(j)　　　　D．x<>a(j)
（2）A．Exit For　　B．f=1　　　　C．a(k)=x　　　　D．f=0
（3）A．Exit for　　B．a(k)=x　　　C．f=1　　　　D．Exit Do
（4）A．f=1　　　　B．a(k)=x　　　C．x=a(k)　　　D．g(k)=x
（5）A．a(j)　　　　B．g(j)+1　　　C．h+1　　　　D．g(h)+1

3．产生 n 个两位的随机整数并存入数组，再从键盘上接收一个数据，将该数据插入数组，插入位置也从键盘接收。请完善程序。

```
Dim a() As Integer
Private Sub Form_Activate()
```

```
    n = Val(InputBox("输入数据个数："))
    Randomize
    ReDim _____(1)_____
    Print "原始数据："
    For k = 0 To n - 1
        a(k) = Int(90 * Rnd + 10)
        Print a(k);
    Next
    Print
    d = Val(InputBox("插入的数据："))
    p = Val(InputBox("插入的位置："))
    ReDim Preserve a(n + 1)          '重新定义数组并保留数组中原来有的数据
    For k = n To p Step -1
       a(k) = _____(2)_____
    Next
    a(p - 1) = _____(3)_____
    Print "处理结果："
    For k = 0 To n
        Print a(k);
    Next
End Sub
```

4．生成并在窗体上输出主对角线元素为 0，其他元素为 1 的 9×9 方阵。调试并完善下列程序代码。

```
Private Sub Form_Click()
    Dim _____(1)_____ As Integer, i As Integer, j As Integer
    For i = 1 To 9
      For j = 1 To 9
        If_____(2)_____Then a(i, j) = 0 Else a(i, j) = 1
             _____(3)_____
    Next j
         _____(4)_____
      Next i
End Sub
```

（四）程序改错。

1．程序用于计算 Array 函数中提供的所有元素的平均值。请将给定程序中不正确的地方进行修改（改错时不得增加和删除语句）。

```
Private Sub Form_Click()
Dim s As Long, a As Integer                   'Error
Dim x As Integer：Dim k As Integer, i As Integer
    s = 1
    a = Array(37, 92, 58, 63, 21, 73, 77, 84, 55, 49)
    For k = LBound(a) To UBound(a)            'Error
        Print a(i)                            'Error
        s = s + a(i)                          'Error
    Next k
```

```
            x = s / (UBound(a) - LBound(a) )                'Error
        Print "平均值="; x
    End Sub
```

2．单击窗体，随机产生并输出由 30 个 3 位正整数组成的 6×5 阵列，然后指出其中的最大数及其所在的行、列位置。调试并修改程序中不正确的地方。

```
    Private Sub Form_Click()
        Dim a(6, 5) As Boolean                'Error
        s = 0:   m = 0:   n = 0
        For i = 1 To 6
          For j = 1 To 5
              a(i, j) = Int(Rnd * 90) + 10      'Error
              Print a(i, j)                     'Error
              If a(i, j) > n Then               'Error
                  a(i, j) = s                   'Error
                  m = i:   n = j
              End If
          Next j
          Print
        Next i
        Print "最大的数="; s
        Print "最大数所在的行="; m
        Print "最大数所在的列="; n
    End Sub
```

（五）程序设计。

1．设计程序，随机产生 20 个[20,80]范围的正整数保存在一维数组中，并显示在窗体上。再将其进行逆置后显示在窗体上。结果如图 6-22 所示。

2．随机产生 N 个三位正整数显示在窗体上，计算其平均数，再统计输出小于平均数的数据个数。

3．计算 10 个数据的滑动平均值，滑动窗口宽度 n 可以是任意指定的正整数。求滑动平均值的方法如下。

对于原始数据中的前 n-1 项，照原样输出；从第 n 项开始，各项的滑动平均值均为前 n 项的平均值（例如 n=5，则第 1～4 项均原样输出，第 5 项的值为前 5 项的平均值，第 6 项的值为(x2+x3+x4+x5+x6)/5，依此类推，计算结果不保留小数）。程序运行界面如图 6-23 所示。

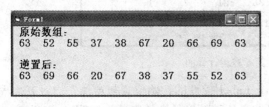

图 6-22　程序设计第 1 题界面

图 6-23　程序设计第 3 题界面

4．建立二维数组，并按其排列方式直接显示在窗体上。再将第一行元素与末行元素调换位置，把处理后的数组显示在窗体上，如图 6-24 所示。

图 6-24　程序设计第 4 题界面

5. 随机生成一个 6 行 4 列的二维数组在图片框 1 中输出，再将其转置后在图片框 2 中输出，程序运行界面如图 6-25 所示。

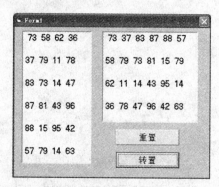

图 6-25　程序设计第 5 题界面

6. 输入整数 n，显示出具有 n 行的杨辉三角形，程序运行界面如图 6-26 所示。提示：将杨辉三角形看成一个不规则的二维矩阵，建议用二维动态数组实现。

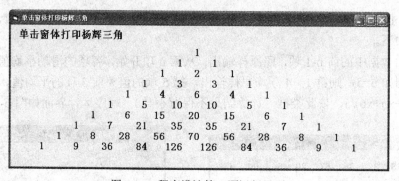

图 6-26　程序设计第 6 题运行界面

7. 在窗体上创建一个 Label 控件数组，每个 Label 控件的初始位置与窗体左边对齐。程序运行后，每个 Label 控件均能定时改变成随机背景色和随机长度的彩条，如图 6-27 所示。

8. 设计一个简易计算器，其运行界面如图 6-28 所示。

提示：在窗体上画 1 个框架控件 Frame1，再在其中画 1 个文本框 Text1、2 个命令按钮控件数组 Command1(0)～Command1(10) 和 Command2(0)～Command2（4），并设置部分属性如下：

Text1.Text="",Text1.Alignment=1(Right Justify),Text1.Locked=True

Command1(0)～Command1(10). Caption=0、1、2、3、4、5、6、7、8、9、0、.(小数点)

Command2(0)～Command2(4).Caption=+、-、*、/、=

图 6-27 程序设计第 7 题界面   图 6-28 程序设计第 8 题界面

第7章 过程

过程（或称子程序）是完成独立功能的一组代码。Visual Basic 的过程可以分为两大类：事件过程和通用过程。

前面各章经常书写的 Form_Click() 等程序都是针对对象的事件过程。事件过程是指在某个对象上发生某个事件时，对该事件作出响应的程序段，这就是所谓的"事件驱动"机制。事件过程构成了应用程序的主体，他们总是与特定对象联系在一起。

除了事件过程之外，如果多个不同的事件过程都要执行某个相同的操作，就会使用一段相同的程序代码，为了避免程序代码的重复编写，Visual Basic 允许把这一段相同的代码独立出来，作为一个过程，供不同的事件过程调用，这种过程就称为通用过程。通用过程独立于事件过程，可以供事件过程或其他通用过程调用。

过程有两个重要作用：

- 模块化结构。将一个较大的应用程序分解成若干较小的过程，使程序有清晰的模块化结构，有利于代码的分头编写，便于多个程序员协同工作。
- 代码重用。复杂任务中常包含一些性质相同或相近的小任务，把这些小任务编写成具有通用独立功能的过程，使其能够在程序的不同位置上调用，从而简化了程序，避免了重复编程。

7.1 通用过程

通用过程与事件过程一样，由程序员编写，它既可以保存在窗体模块（.frm 文件）中，也可以保存在标准模块（.bas 文件）中。通用过程与事件过程不同，它不能由事件的发生来驱动执行，也不能由 Visual Basic 系统自动调用执行，只能通过事件过程的直接调用或正在被执行的其他通用过程的调用才能被执行。

引例 输入 m、n，计算并输出：$C_m^n = \dfrac{m!}{n!(m-n)!}$

利用前面几章的知识可以很容易写出计算公式的代码如下：

```
Private Sub Form_Click()
        Dim m as integer, n as integer, k As Integer
        Dim cmn as single, c As Single
read:   m = Val(InputBox("请输入 m 的值："))   'm＞n 才能计算公式
            n = Val(InputBox("请输入 n 的值："))
        If n＞=m Then GoTo read
        k = m
        c = 1                              '求 m 的阶乘
        For i = 1 To k
        c = c * i
        Next i
        cmn = c
```

斜体部分在程序
中出现了 3 次

```
        k = n
        c = 1                    '求 n 的阶乘
        For i = 1 To k
          c = c * i
        Next i
        cmn = cmn / c
        k = m - n
        c = 1                    '求（m - n）的阶乘
        For i = 1 To k
          c = c * i
        Next i
        cmn = cmn / c
        Print "m="; m; "   n="; n; "   计算结果为："; cmn
End Sub
```

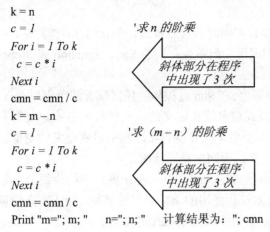

程序中斜体部分代码出现了 3 次，做了重复工作，程序结构欠清晰，因此，可以将这部分独立书写成通用过程，供其他过程调用。

Visual Basic 中最常用的通用过程是：Sub 过程（子过程）和 Function 过程（函数过程）。下面介绍通用过程的构造、调用等规则。

7.1.1　Sub 过程

（1）Sub 过程的定义。

Sub 过程与对象、事件均无关，是在代码窗口中的独立过程，随时等待其他过程（主要是事件过程）调用。

Sub 过程的创建方法有两种：一种是在代码窗口中直接按规定的格式编写；二是利用 Visual Basic 的过程添加工具生成过程框架，然后编写过程体。

1）利用代码窗口直接定义通用过程。

在窗体/标准模块的代码窗口，把插入点放在所有过程之外，可直接编写 Sub 子过程，其格式为：

```
[Private | Public] [Static] Sub 过程名 [(参数表)]
      语句组
       [Exit Sub]
      语句组
End Sub
```

说明：

①若选用 Public，表示所有模块的所有其他过程都可访问这个 Sub 过程；若选用 Private 表示只有在包含其声明的模块中的其他过程可以访问该 Sub 过程；若选用 Static 表示 Sub 过程的局部变量为静态变量，在过程被调用执行之后，其分配的存储单元和值仍然保留。

如果没有使用 Public、Private 显式指定，Sub 过程按缺省情况就是公用的。如果没有使用 Static，则局部变量都是非静态变量。

②参数表称为形参表（或虚拟参数表）。说明调用时要传递给 Sub 过程的变量列表，多个变量需用逗号隔开。参数表格式如下：

```
[ByVal | ByRef] 变量名[( )][As 数据类型],…
```

其中：ByVal 表示该参数按值传递，ByRef 表示该参数按地址传递。ByRef 是 Visual Basic

的缺省选项。

当参数是数组时，形参与实参在参数声明时应省略维数，但括号()不能省略。

③Sub 过程可以调用自己，即递归调用。但不能在别的 Sub、Function 或 Property 过程中定义 Sub 过程。

④Exit Sub 语句表示从 Sub 过程中退出。在 Sub 过程体的任何位置都可出现 Exit Sub 语句。

⑤Sub 过程中使用的变量可以是显式定义或未定义的。在过程内显式定义的变量（使用 Dim 或等效方法）都是局部变量。对于使用了但又没有在过程中显式定义的变量，除非其在该过程之外，更高级别的位置已显示定义，否则也是局部的。

⑥如果过程中使用了未在本过程内显式定义的变量，而在更高的模块级别也定义过用户名的变量，就会产生名称冲突，则认为本过程使用的是模块级的名称。显式定义变量就可以避免这类冲突。可以使用 Option Explicit 语句要求强制显式定义变量。

⑦Sub 过程可以获取调用过程传送的参数，也能通过参数表的参数（按地址传递），把计算结果传回给调用过程。

2）利用"工具"菜单下的"添加过程"命令定义过程。步骤如下：

①打开代码窗口；

②选择"工具"菜单下的"添加过程"，打开添加过程对话框，如图 7-1 所示；

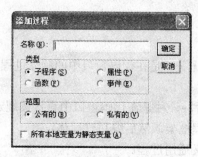

图 7-1　"添加过程"对话框

③在名称（N）框中输入过程名（过程名中不能含有空格）；

④在类型组中选择 Sub 或 Function；

⑤在范围组中选择公有的（Public）（全局过程）或私有的（Private）（标准模块级/窗体级过程）。

（2）Sub 过程的调用。

Sub 过程必须通过调用语句实现调用。调用 Sub 过程有以下两种方法。

1）直接使用过程名调用 Sub 过程，即把过程名作为一个语句来使用。

[格式] 过程名 [参数列表]

2）使用 Call 语句调用 Sub 过程。

[格式] Call 过程名 [(参数列表)]

调用 Sub 过程的参数列表称为实参表，各参数之间用逗号分隔。实际参数可以是常量、变量、表达式。实际参数应该有确定的值，而且类型与形参表中各参数的类型一致。

注意：在 Call 语句中参数列表要放在圆括号内。

例 7-1　重新书写引例程序。将计算阶乘的斜体代码独立组织成一个 Sub 过程。

Private Sub Form_Click()

```
        Dim m as integer, n As Integer
        Dim cmn As Single,c1 As Single
        Dim c2 As Single,c3 As Single
        Do
          m = Val(InputBox("请输入 m 的值："))   'm > n 才能计算公式的值
          n = Val(InputBox("请输入 n 的值："))
        Loop While n > =m
          Call jiecheng(m, c1)         '求 m 的阶乘，结果存放在 c1 中
          Call jiecheng(n, c2)         '求 n 的阶乘，结果存放在 c2 中
          Call jiecheng(m - n, c3)     '求（m - n）的阶乘，结果存放在 c3 中
          cmn = c1 / c2 / c3
          Print "m="; m; "    n="; n; "   计算结果为："; cmn
End Sub
'下面是完成求 k! 的 SUB 过程
Public Sub jiecheng(ByVal k As Integer, ByRef c As Single)
  c = 1                      '求 k 的阶乘
For i = 1 To k
c = c * i
Next i
End Sub
```

将求 k! 的过程独立书写后，比引例的程序简洁、结构也清晰。但需要在主过程中增加调用 Sub 子过程的语句，还需要提供调用时的实际参数。由于每次调用时需要返回计算的阶乘值，故 k! 过程中增加了一个形式参数 c 用于保存调用结果。实际上，对类似这种调用后需要返回一个值的情形，利用 Visual Basic 的函数通用过程更简单些。

7.1.2 Function 过程

Function 过程（函数过程），是通用过程的另一种形式。Function 过程与 Sub 过程不同，它不仅可以像 Sub 过程一样通过调用语句使用，还可以有返回值，在程序中可以像 Visual Basic 系统的内部函数那样作为表达式，是程序员自己编写的函数。

（1）Function 过程的定义。

[格式]

[Public|Private][Static] Function 函数名 ([形参表]) [As 数据类型]

  语句组

  [函数名 = 表达式]

  [Exit Function]

  语句组

  [函数名 = 表达式]

End Function

其各部分的语法与 Sub 过程的定义基本相同，这里的函数名就是 Function 过程的名字。

说明：

①Exit Function 语句使执行立即从一个 Function 过程中退出。程序接着从调用该 Function 过程的语句之后的语句执行。在 Function 过程的任何位置都可以有 Exit Function 语句。

②要从函数返回一个值，只需将该值赋给函数名。在过程的任意位置都可以出现这种赋值语句。

如果没有对函数名赋值，过程将返回一个缺省值：数值函数返回 0，字符串函数返回一个空字符 ("")，Variant 函数则返回 Empty。

③函数过程的调用可以是表达式中一个运算量，调用形式与调用内部函数一样。

（2）Function 过程的调用。

Function 过程不仅能像 Sub 过程那样单独调用（若有返回值，系统放弃返回值），还可以作为表达式的一部分放在一个 Visual Basic 语句中被调用。

[格式] 变量名=Function 过程名([参数列表])

若单独调用 Function 过程，不放在表达式中，又有参数，则参数必须放在圆括号内，即用 "Function 过程名(参数表)" 作为一条独立的程序语句使用。

例 7-2　重新书写引例程序。将计算阶乘的斜体代码独立组织成一个 Function 过程。

```
Private Sub Form_Click()
        Dim m as integer, n As Integer
        Dim cmn As Single
        Do
            m = Val(InputBox("请输入 m 的值："))   'm > n 才能计算公式
            n = Val(InputBox("请输入 n 的值："))
        Loop While n > =m
         cmn = jiecheng(m) / jiecheng(n) / jiecheng(m - n)
         Print "m="; m; "    n="; n; "    计算结果为："; cmn
End Sub
'下面是完成求 k！的 Function 过程
Public Function jiecheng(ByVal k As Integer) As Single
jiecheng = 1                        '求 k 的阶乘
For i = 1 To k
jiecheng = jiecheng * i
Next i
End Function
```

由于计算 k！希望返回一个结果值，书写成函数过程形式十分简单，此时过程名具有变量的特点，可以定义其类型，可以像运算量一样直接出现在表达式中，省去了 Sub 过程中存放计算结果的变量。可见，如果过程的功能是得到一个计算结果，使用 Function 过程是首选。当然针对具体问题，选择 Sub 或 Function 过程形式并没有统一规定，完全由程序设计者自己选择。

（3）查看过程。

通用过程是程序中的公共代码段，可供各个事件过程调用，因此编写程序时经常要查看当前模块或其他模块中有哪些通用过程。

要查看当前模块中有哪些 Sub 过程和 Function 过程，可以在代码窗口的对象框中选择"通用"项，此时在过程框中会列出现有过程的名称。

如果要查看的是其他模块中的过程，可以选择"视图"菜单中的"对象浏览器"命令；然后在"对象浏览器"对话框中，从"工程/库"列表框中选择工程，从"类/模块"列表框中选择模块，此时在"成员"列表框中会列出该模块拥有的过程。

7.2 参数传递

过程调用时传递到过程内的变量、常量、表达式，统称为过程的参数。下面介绍 Visual Basic 程序中形式参数和实际参数的传递原则。

7.2.1 形式参数与实际参数的概念

形式参数（简称形参）是指在定义过程时，在过程头（指 Sub 或 Fuction 语句行）的参数列表中出现的变量名和数组名，在过程体中被引用。

实际参数（简称实参）是调用过程时，在过程名后的参数列表中出现的变量名、数组名、常量或表达式。

在调用过程时，实参表中参数的个数、数据类型和顺序必须与形参表一一对应，即：

①在程序中调用过程时提供的实参个数与形参个数相同；

②若实参是变量，则要求其数据类型与对应的形参数据类型相同；若实参是常量或表达式，则要求实参向形参赋值是相容的（即可以转换为对应的形参数据类型）。

在调用过程时，程序完成形参与实参的结合（虚实结合），把实参传送给形参，在过程体中按形参安排的工作执行操作。

7.2.2 参数按地址传递和按值传递

如果形参是变量，则对应实参可以是同类型的变量、数组元素、表达式，如果形参是数组，则对应实参可以是同类型的数组。在调用过程时传递参数的方式有两种，一种是按地址传递参数，一种是按值传递参数。

（1）按地址传递参数。

按地址传递参数是把实参变量的内存地址传递给形参变量，因此形参变量和实参变量拥有同一个内存单元地址。在过程中对形参的操作就是对实参变量单元的操作，改变形参变量的值也即改变实参变量的值。按地址传递参数在 Visual Basic 中是默认的参数传递方式。

例 7-3 编写交换两个变量值的过程 Swap。程序运行结果如图 7-2 所示。

```
Private Sub Swap(x As Integer, y As Integer)        '按地址传递参数
    Dim tmp As Integer
    tmp = x: x = y: y = tmp                          '交换 x，y 的值也即交换实际参数的值
End Sub
Private Sub Form_Load()
    Form1.Caption = "用通用过程实现交换 2 个变量的值"
    Dim a As Integer, b As Integer
    Show
    a = 10: b = 15
    Print "调用交换函数过程前：a="; a, "b="; b
    Swap a, b                                        '调用时对应实参是变量
    Print "调用交换函数过程后：a="; a, "b="; b
End Sub
```

过程调用结果由参数得到，选择 Sub 或 Function 均可。变量 a、b 的值在调用 Swap 函数过程后被交换，说明在过程中实现了对实参变量的直接操作。

图 7-2　交换前后 a、b 的值

（2）按值传递参数。

按值传递参数是把实参变量的值传递给形参变量，此时形参变量是过程的一个局部变量，其初值等于实参变量，形参变量和实参变量是两个不同的内存单元。在过程中对形参变量的操作对实参变量没有影响，实参变量的值在过程调用前后保持不变。定义过程时用 ByVal 关键字指出参数是按值来传递的。例如：

```
Sub Fun(ByVal x as Integer)
    ……
End Sub
```

例如，例 7-3 的过程 Swap 修改为按值传递参数：

```
Private Sub Swap(ByVal x As Integer, ByVal y As Integer) '按值传递参数
    Dim tmp As Integer
    tmp = x: x = y: y = tmp                 '交换 x，y 的值不能交换实际参数的值
End Sub
Private Sub Form_Load()
    Form1.Caption = "用通用过程未实现交换 2 个变量的值"
    Dim a As Integer, b As Integer
    Show
    a = 10: b = 15
    Print "调用交换函数过程前：a="; a, "b="; b
    Swap a, b
    Print "调用交换函数过程后：a="; a, "b="; b
End Sub
```

重新运行程序，结果如图 7-3 所示，显然没有实现交换两个变量值的工作。

图 7-3　交换前后 a、b 的值

（3）传递数组参数。

若要向过程传递整个数组，在过程定义中的形参和调用过程时的实参都必须写上所要传递的数组名和一对圆括号。当数组作为过程的参数时，规定是按地址传递的方式，因此对数组元素的修改将带回调用程序。

实参数组在调用程序中定义，在过程中不能再对形参数组给出定义。在过程中形参数组使用的下标值，不得超过调用程序中实参数组定义的下标范围。

例 7-4　书写程序求数组中前 6 个、9 个及全部元素的和。

说明："求数组前 n 个元素的和"可以书写成通用函数过程，再在其他过程中多次调用即可。程序代码如下，运行结果如图 7-4 所示。

```
Dim a(20) As Integer                '定义多个过程均要使用的数组
'将数组名和元素个数 n 作为形参，定义通用函数过程
```

```
Private Function mysum(x() As Integer, ByVal n As Integer) as integer
  mysum = 0
    For i = 0 To n
       mysum = mysum + x(i)
    Next i
End Function
Private Sub Command1_Click()
For i = 0 To 20
   a(i) = Int(Rnd * 9 + 1)
   List1.AddItem a(i)
Next i
Print "前 6 个元素和="; mysum(a, 5)
Print "前 9 个元素和="; mysum(a, 8)
Print "全部元素和="; mysum(a, UBound(a))
End Sub
Private Sub Form_Load()
Form1.Caption = "传递数组参数示例"
Frame1.Caption = "原始数据"
Command1.Caption = "开始"
End Sub
```

在 Command1_Click()过程中 3 次调用 mysum 函数过程，得到题意所要求结果。

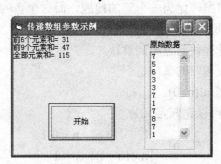

图 7-4　例 7-4 运行结果

7.3　过程的嵌套与递归调用

在一个通用过程中，可以调用另一个通用过程，这种调用方式称为嵌套调用。在一个通用过程中，也可以调用通用过程自己，这种调用方式称为递归调用。

7.3.1　过程的嵌套调用

Visual Basic 不允许在一个过程中，嵌套定义另一个过程，各个过程都是相互平行和孤立的。但是，Visual Basic 允许嵌套调用过程，且允许多层嵌套调用。图 7-5 给出了一个嵌套调用示意。

图 7-5 表明的程序执行过程是：在执行事件过程中，调用过程 1，程序转去执行过程 1，在执行过程 1 中又调用过程 2，程序转去执行过程 2，待过程 2 的代码执行完成后才返回过程 1，继续执行调用过程 2 语句之后余下的代码，待过程 1 执行完成后才返回事件过程，继续执

行调用过程 1 语句之后余下的代码。这个执行过程说明过程 2 是嵌套在过程 1 中执行的，过程 1 是以嵌套在事件过程中执行的，所以称为嵌套调用。

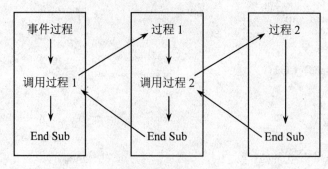

图 7-5　过程的嵌套调用

7.3.2　过程的递归调用

递归算法是现代数学的一个重要分支，常用于解决一些较复杂的问题。如果利用递归的思想编写程序，就是在一个过程中调用过程自己本身，即自己调用自己。递归在算法描述中有着不可替代的作用。很多看似极为复杂的问题，使用递归算法就显得非常简洁而清晰。

使用递归调用的条件是：

（1）可以把要解决的问题转化为一个新的问题，而这个新的问题的解法仍与原来的解法相同，只是所处理的对象有规律地递增或递减。

（2）可以用上述转化过程使问题得到解决。

（3）有一个明确的结束递归的条件。

例 7-5　用递归方法计算 n!(n>0)。

分析：自然数 n 的阶乘可以递归定义为

$$n! = \begin{cases} 1 & n = 0,1 \\ n \times (n-1)! & n > 1 \end{cases}$$

递归调用的执行过程分两部分进行：回溯和递推。

为了说明这个算法的执行过程，假设已经编写 Function 过程 fact,fact(n)=n!。根据递归算法有 fact(n)=n*fact(n-1)。设 n=5，则递归调用过程 fact 的执行过程如下：

（1）回溯，即不断进行递归调用的过程。

①fact(5)=5*fact(4)

②fact(4)=4*fact(3)

③fact(3)=3*fact(2)

④fact(2)=2*fact(1)

⑤fact(1)=1

（2）递推，即递归调用终止后，从最后一次调用逐次返回并完成计算的过程。

①fact(1)=1

②fact(2)=2*fact(1)=2

③fact(3)=3*fact(2)=3*2=6

④fact(4)=4*fact(3)=4*6=24

⑤fact(5)=5*fact(4)=5*24=120

编写递归调用的 Function 过程 fact，计算 n!的代码如下：

```
Function fact(n) As Double
    If n <= 1 Then
        fact = 1
    Else
        fact = n * fact(n - 1)
    End If
End Function
Private Sub Command1_Click()          '单击命令按钮，计算 n!
Dim n As Integer
n = Val(InputBox("请输入 n 的值："))
Label1.Caption = n & "！="
Text1.Text = fact(n)
End Sub
Private Sub Form_Load()
Form1.Caption = "递归算法计算阶乘"
Command1.Caption = "开始"
Label1.AutoSize = True
End Sub
```

7.4　变量、过程的作用域

在 Visual Basic 程序中的变量、过程都有一个自己作用的空间，它们定义的位置、方式直接影响它们的作用域。为了理解这个问题，需要了解 Visual Basic 的应用程序由哪些部分组成。

7.4.1　代码模块的概念

Visual Basic 应用程序由三种模块组成，即窗体模块（From）、标准模块（Module）和类模块（Class）。在每一个模块中都可以包含声明（常数、变量、动态链接库 DLL 的声明）和过程（Sub、Function、Property 过程）。它们形成工程的一种模块层次结构，可以较好地组织工程，同时也便于代码的维护。

（1）窗体模块。

在 Visual Basic 程序中的一个窗体对应着一个窗体模块。一个窗体模块包含有：

1）事件过程，即代码部分。事件过程是为响应特定事件而执行的指令。

2）控件，在窗体模块中，对窗体上的每个控件都有一个对应的事件过程集。

3）通用过程，可以在任何事件过程中调用通用过程。

4）窗体变量的说明、外部过程的窗体级声明。

窗体模块保存在扩展名为.frm 的文件中。默认情况下，应用程序中只有一个窗体，有一个以.frm 为扩展名的窗体模块文件。如果应用程序有多个窗体，就会有多个以.frm 为扩展名的窗体模块文件。

（2）标准模块。

当应用程序较庞大时，常需要有多个窗体。在多窗体结构的应用程序中，有些由程序员创建的通用过程需要在多个不同的窗体中调用，这样的通用过程就应该在标准模块中编写。

　　标准模块保存在扩展名为.bas 的文件中。标准模块可以包含公有或模块级的常数、变量、外部过程和全局过程的全局声明或模块级的声明。在默认情况下,标准模块中的代码都是公有的,任何窗体或模块中的事件过程或通用过程都可以调用这些代码。在标准模块中可以编写通用过程,程序启动过程 Sub Main,但不能编写事件过程。

　　在工程中添加标准模块的步骤为:选菜单"工程"→"添加模块",打开"添加模块"对话框→选"新建"选项卡→双击模块图标(或单击"打开"按钮)→在属性窗口给标准模块命名(Name)→在标准模块的代码窗口中编写代码。

　　(3)类模块。

　　类模块(文件扩展名为.cls)与窗体模块类似,只是没有可见的用户界面。可以使用类模块创建含有方法和属性代码的自己的对象。

　　用类模块创建对象,这些对象可被应用程序内的过程引用。标准模块只包含代码,而类模块既包含代码又包含数据,可视为没有物理表示的控件。类模块主要用来定义和建立 ActiveX 组件。

7.4.2　变量的作用域

　　变量的作用范围是指变量的有效范围,即变量的作用空间。在一个过程内部声明的变量,只有该过程内部的代码能访问或改变这个变量的值,是该过程内局部有效的变量。但是,有时需要使用具有更大范围的变量,例如要求一个变量的值对于同一模块内的所有过程都有效,甚至对于整个应用程序的所有过程都有效。Visual Basic 允许在声明变量时指定它的有效范围。

　　(1)过程级变量。

　　在过程内用 Dim 或 Static 语句声明的变量(或不加声明直接使用的变量)均为过程级变量,只有在该过程中的代码才能引用、赋值,其他过程不能访问。

　　过程级变量在过程被调用时分配存储并初始化,一旦过程执行结束,变量自动释放所分配的存储单元。因此,不同的过程可以有同名的过程级变量,彼此之间没有任何关系。

　　过程级变量就是局部变量,只能在定义的过程内有效,即使在该过程嵌套调用的过程中也不能使用,即局部变量的作用范围仅限于创建它们的过程。

　　下面程序说明了局部变量的意义。

```
Private Sub Form_Load()
    Dim x As Integer                '定义过程级变量
    Static a As String
    x = 1234:a = "abcd"
    Show
    Print
    Print "调用过程 Add 之前:    x="; x; " a="; a
    Add
    Print "调用过程 Add 之后:    x="; x; " a="; a
End Sub
Public Sub Add()
    Print "在过程 Add 中累加前: x="; x; "              a="; a
    x = x + 1000:   a = a + "efgh"
    Print "在过程 Add 中累加后: x="; x; " a="; a
End Sub
```

运行该程序，结果如图 7-6 所示。

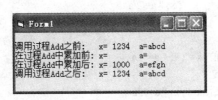

图 7-6 使用过程级变量

从运行结果可以看出：在 Load 事件过程中定义的变量 x 和 a，只在该事件过程存在，在被调用的 Add 过程中直接使用的同名变量 x 和 a 与 Load 事件过程中的变量 x 和 a 无关。实际上前者是在过程 Add 中重新定义的局部变量，独立地分配有不同的存储单元，当退出过程 Add 后，立即释放其分配的存储单元，与 Load 事件过程中的同名变量没有关系。

为了减小过程之间的相互影响，使用编写的过程代码更安全、更具通用性，在编写过程时应尽可能使用局部变量。

（2）模块级变量。

在模块的通用段中声明的变量为模块级变量。模块级变量分为私有的和公有的。

1）私有模块级变量。

在窗体模块或标准模块内的通用段，过程之外，用 Dim 语句或用 Private 语句声明的变量，可被本窗体模块或标准模块中的任何过程访问，这样的变量称为私有模块级变量。

声明窗体模块级变量的步骤是：

①进入代码窗口。

②在对象框中选择"通用"选项。

③在过程框中选择"声明"选项。

④在窗口编辑区中输入变量定义语句，如图 7-7 所示。

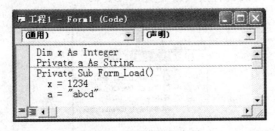

图 7-7 声明模块级变量

模块级变量的有效范围是整个模块，在该模块中的所有过程代码都可以引用，只有当程序运行结束后，系统卸载该模块时，模块级变量分配的存储单元才会被释放。例如，把上面代码中的变量 x 和 a 定义为模块级变量，重新运行该程序的结果如图 7-8 所示。

```
Dim x As Integer                      '定义模块级变量
Private a As String
Private Sub Form_Load()
    x = 1234： a = "abcd"
    Show
    Print
    Print "调用过程 Add 之前：   x="; x; " a="; a
```

```
      Add
      Print "调用过程 Add 之后:    x="; x; " a="; a
   End Sub
   Public Sub Add()
      Print "在过程 Add 中累加前: x="; x; " a="; a
      x = x + 1000：a = a + "efgh"
      Print "在过程 Add 中累加后: x="; x; " a="; a
   End Sub
```

　　显然，在通用过程 Add 中操作的变量 x 和 a，就是在 Load 事件过程中操作的变量 x 和 a，它们是同一组变量，私有模块级变量在该模块的各个过程中均能访问和修改。

图 7-8   使用模块级变量

　　2）公有模块级变量。

　　公有模块级变量就是全局变量，作用范围是整个应用程序。在窗体模块或标准模块中通用段，用 Public 声明的变量，可被应用程序中的任何过程或函数访问。在该应用程序运行期间，全局变量都不会消失或重新初始化，应用程序运行结束才会释放所占用的存储单元。

　　在标准模块中声明的公有模块级变量可以在其他模块中直接引用，而对在窗体模块中声明的公有模块级变量，在其他模块中引用时，变量名前必须缀上一个模块名，格式为：

　　　　模块名.变量名

　　例如，创建一个工程，包含 2 个窗体模块、1 个标准模块，工程资源管理器如图 7-9 所示。在三个模块的通用段分别定义公有模块级变量 a、b、c。

图 7-9   工程资源管理器

　　在 Form1 的代码窗口，分别编写 Load、Activate 和 Click 事件过程如下：

```
Public a As Integer          '定义 Form1 的公有变量
Private Sub Form_Load()
   a = 1234                  '引用 Form1 的公有变量
   Form2.b = "abcd"          '引用 Form2 的公有变量
   c = Date                  '引用 Module1 的公有变量
End Sub
Private Sub Form_Activate()
   Cls
```

```
      Print
      Print "调用过程 Add 之前:a="; a; " b="; Form2.b; " c="; c
      Add
      Print "调用过程 Add 之后:a="; a; " b="; Form2.b; " c="; c
   End Sub
   Private Sub Form_Click()
      Me.Hide
      Form2.Show
   End Sub
```

在 Form2 的代码窗口，分别编写窗体的 Activate 和 Click 事件过程，代码如下：

```
   Public b As String              '定义 Form2 的公有变量
   Private Sub Form_Activate()
      Cls
      Print
      Print "调用过程 Add 之前:a="; Form1.a; " b="; b; " c="; c
      Add
      Print "调用过程 Add 之后:a="; Form1.a; " b="; b; " c="; c
   End Sub
   Private Sub Form_Click()
      Me.Hide
      Form1.Show
   End Sub
```

在 Module1 的代码窗口，创建一个通用 Function 过程 Add，其代码如下：

```
   Public c As Date                '定义 Module1 的公有变量
   Public Sub Add()
      Form1.a = Form1.a + 4321
      Form2.b = StrReverse(Form2.b)
      c = c + 1000
   End Sub
```

运行该程序，显示窗体 Form1，然后单击窗体 Form1，显示窗体 Form2，若又单窗体 Form2，又会显示窗体 Form1。如图 7-10 所示。

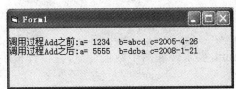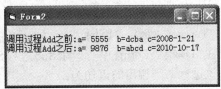

图 7-10　窗体 1 和窗体 2 显示结果

从程序的运行结果可以看到，在各模块通用段用 Public 声明的全局变量 a、b、c 在各个不同模块的过程中都能访问、修改。

7.4.3　变量的生存期

从变量作用的空间考查变量，称为变量的作用域。也可以从变量作用的时间来考查变量，即考查变量的值能够保持的时间，称为变量的生存期。在变量的生存期内，变量能够保持其单元的值。在应用程序的运行中一直保持模块级变量和公用变量的值。

（1）动态变量。

在过程中用 Dim 定义的过程级（局部）变量，或没有定义直接使用的过程级变量为动态变量。动态变量只在定义它的过程执行时，才为其分配存储单元、赋初值，才在程序中存在。当一个过程执行完毕后，它的局部变量占用的内存单元被自动释放，其值也消失。当再次执行该过程时，它的所有局部变量将重新分配存储单元，重新初始化。

（2）静态变量。

在过程中用 Static 关键字声明的过程级变量称为静态变量。当定义静态局部变量的过程第一次被执行以后，在程序运行期间，该静态变量的值都被程序保留，分配的存储单元也不释放，与定义该静态变量的过程正在执行与否无关。当再次进入定义的过程时，上一次操作结束的值便是本次操作的初值。程序为静态变量所分配的存储空间要到程序运行结束后才释放。

如果用 Static 声明一个 Sub 过程或 Function 过程，则在该过程中定义的所有局部变量都有为静态变量，都具有静态变量的特性。

7.4.4　过程的作用域

过程也有其作用范围，即可以调用的范围，称为过程的作用域。在 Visual Basic 中过程的作用域分为模块级（或文件级）和全局级（或工程级）。

（1）模块级过程。

在模块内用 Sub 或 Function 定义的过程，若前面加有关键字 Private，该过程为模块级过程。模块级过程只能被所在模块（文件）中定义的其他过程调用。

（2）全局过程。

定义过程时，前面加有关键字 Public 或没有加关键字 Private 的过程为全局过程。全局过程可以被程序中各模块（文件）中定义的过程调用。

（3）调用其他模块中的过程。

在一个 Visual Basic 应用程序的任何过程中都可以调用在其他模块中定义的全局过程。

1）调用窗体中定义的过程。调用其他窗体模块中定义的全局过程时，要在过程名前指明该过程是在哪个窗体模块中定义的，调用格式如下：

Call 窗体名.Sub 过程名(参数表)

窗体名.Sub 过程名 参数表

窗体名.Function 过程名(参数表)

如果在窗体模块 Form1 中有一个 Sub 过程 Sum，要求传递两个数值变量，在窗体模块 Form2 中要调用该过程，则调用的语句为：

Call Form1.Sum(a,b)

2）调用标准模块中定义的过程。如果程序要调用的标准模块中的全局过程，在整个工程中，其过程名是唯一的，则不必在调用时加模块名来限定；如果要调用在两个以上的模块内都包含的同名过程，则调用时就必须加上模块名来说明调用的是哪个标准模块中定义的过程。调用格式如下：

Call [模块名.]Sub 过程名(参数表)

[模块名.]Sub 过程名 参数表

[模块名.]Function 过程名(参数表)

如果在标准模块 Module1 和 Module2 中都有 Sub 过程 Sum，要求传递数组参数，在窗体模块 Form1 中调用模块 Modele1 的过程 Sum，则调用语句为：

Call Modele1.Sum(a())

习题 7

一、单项选择题

1. 假设已用 Sub Mysub(x As Integer)定义了 Mysub 过程。若要调用该过程，可以采用（   ）语句。

    A．s=Mysub(2)   B．Mysub(32000)

    C．Print Mysub(120)   D．Call Mysub(40000)

2. 要使过程调用后返回两个参数 s 和 t，下列的过程定义语句中，正确的是（   ）。

    A．Sub MySub1(ByRef s,ByVal t)   B．Sub MySub1(ByVal s,ByVal t)

    C．Sub MySub1(ByRef s,ByRef t)   C．Sub MySub1(ByVal s,ByRef t)

3. Visual Basic 语言默认的过程参数传递机制是（   ）。

    A．按地址传递   B．按值传递   C．按属性传递   D．按名称传递

4. 运行以下程序段后，单击窗体显示的结果是（   ）。

```
Private Sub Form_Click()
    Dim b As Integer, y As Integer
    Call Mysub2(3, b)
    y = b
    Call Mysub2(4, b)
    Print y + b
End Sub
Public Sub Mysub2(x, t)
    t = 0
    For k = 1 To x
        t = t + k
    Next
End Sub
```

    A．13   B．16   C．19   D．21

5. 运行下面程序段后，单击窗体显示的结果是（   ）。

```
Public Sub Mysub3(ByVal x As Integer, y As Integer)
    x = y + x
    y = x Mod y
End Sub
Private Sub Form_Click()
    Dim a As Integer, b As Integer
    a = 11: b = 22
    Call Mysub3(a, b)
    Print a; b
End Sub
```

    A．33   11   B．11   11   C．11   22   D．22   11

6. 运行下面程序后，窗体显示的结果是（   ）。

```
Public Sub Mysub4(x As Integer)
    x = 3 * x - 1
    If x < 5 Then x = x + 9
    Print x;
End Sub
Private Sub Form_Click()
    x = 1
Mysub4 3 + x
    Print x
End Sub
```

    A. 20   1   B. 20   14   C. 11   1   D. 11   14

7. 在窗体模块的通用段中声明变量时，不能使用（   ）关键字。

    A. Dim   B. Public   C. Private   D. Static

8. 使用 Public Const 语句声明一个全局的符号常量时，该语句应在（   ）。

    A. 事件过程中   B. 窗体模块的通用段中

    C. 标准模块的通用段中   D. 通用过程中

9. 下列论述中，正确的是（   ）。

    A. 用户可以定义通用过程的过程名，也可以定义事件过程的过程名

    B. 一个工程中只能有一个 Sub Main 过程

    C. 窗体的 Hide 方法和 Unload 方法的作用完全相同

    D. 在一个窗体文件中用 Private 定义的通用过程，可以被其他窗体调用

二、填空题

1. 下列程序段运行后，单击窗体时显示的结果是_____。

```
Public Function Fn1(x) As String
    k = Len(x)
    Fn1 = Mid(x, 2, k - 2)
End Function
Private Sub Form_Click()
    Dim a As String, b As String, s As String
    a = "ABCDEFG": b = "12345"
    s = Fn1(a) + Fn1(b)
    Print Fn1(Fn1(Fn1(s)))
End Sub
```

2. 在窗体上已经建立了 3 个文本框（Text1，Text2 及 Text3）和一个命令按钮（Command1），运行程序后单击命令按钮，则在文本框 Text1 中显示的内容是____(1)____，在文本框 Text2 中显示的内容是____(2)____，在文本框 Text3 中显示的内容是____(3)____。

```
Public Sub MySub5(x, ByVal y)
    a = x + y
    x = a + y
    y = 2 * x
End Sub
Private Sub Command1_Click()
```

```
        Dim b As Integer, c As Integer
        b = 1: Call MySub5(b, c)
        c = a + b: Call MySub5(c, b)
        a = a + c
        Text1.Text = a
        Text2.Text = b
        Text3.Text = c
    End Sub
```

3．运行下列程序段后，单击窗体，显示结果是_____（1）_____，再次单击窗体时，显示结果是_____（2）_____。去掉 Static Temp 语句后，单击窗体，显示结果是_____（3）_____，再次单击窗体时，显示结果是_____（4）_____。

```
        Private Function Fn2(t As Integer)
            Static Temp
            Temp = Temp + t
            Fn2 = Temp
        End Function
        Private Sub Form_Click()
            s = Fn2(1)+ Fn2(2)+ Fn2(3)
            Print s
        End Sub
```

4．设在窗体（启动窗体）上有一个命令按钮 Command1，在该按钮的 Click 事件过程中已经写了一些代码，完成一定的功能，现要使程序运行时自动执行该按钮的功能，请在空白处填入合适的语句。

```
    Private Sub Form_Load()
        _____（1）_____
    End Sub
```

实验 7

一、实验目的

（1）掌握子过程的定义和调用方法。
（2）掌握子过程和函数过程的异同。
（3）掌握变量、函数和过程的作用域。

二、实验内容

（一）运行实例程序，体会过程的应用。

实例 1　编写子过程，用于计算圆面积。半径在主调程序 Command1_Click 事件过程中用输入对话框输入。

分析：本题要用子过程计算圆面积，就需要将半径从主调程序传给子过程，而子过程通过计算得到的圆面积需要传回到主调程序，像这样要在过程之间传递的数据就应该作为参数存在，因此子过程定义时需要定义两个形式参数。在子过程的定义中有两个形式参数时，主调程序在调用的时候也必须有两个实际参数，分别与形参进行参数传递。

操作步骤：

（1）在窗体上添加一个命令按钮，将其 Caption 属性修改为"计算"。

（2）在代码窗口内，编写计算面积的子过程代码如下：

```
Const pi = 3.14
Private Sub mianji(r As Single, s As Single)
s = pi * r * r
End Sub
```

（3）在代码窗口内，编写命令按钮的事件代码如下：

```
Private Sub Command1_Click()
    Dim r As Single, s As Single
    r = Val(InputBox("请输入圆的半径 r：", "输入半径", 0))
    Call mianji(r, s)
    Print s
End Sub
```

（4）调试程序，观察结果。

（5）思考：如果将本程序中编写子过程改为编写函数过程，该如何编写，主调程序又需要做哪些修改？

实例 2　下面程序运行时，单击命令按钮 Command1，窗体上显示的内容是_____。

```
Private Sub Command1_Click()
    a = 3: b = 5: c = 7
    Call Test(a, b, c)
End Sub
Private Sub Test(ByVal c As Integer, ByVal a As Integer, ByVal b As Integer)
    Print a; b; c
End Sub
```

程序解读：

当单击命令按钮后，程序的流程进入命令按钮单击事件，对变量 a，b，c 新开空间并分别赋值为 3，5，7；

当执行到语句 Call Test(a, b, c)时，程序的流程转到子过程，按参数的位置进行一一对应的参数传递；

这里的参数传递的方式都是 ByVal 即按值传递，所以给子过程中的形式参数 c，a，b 分别新开空间，再将实际参数 a，b，c 的值按位置对应复制到形式参数 c，a，b 中；

执行语句 Print a:b:c，输出形参的值。再执行 End Sub，程序流程回到主调程序。

实例 3　下面程序运行时，单击命令按钮 Command1，窗体上显示的内容是_____。

```
Private Sub Command1_Click()
    x = 3：y = 4
    Call Test(x, y)
    Print x; y
End Sub
Private Sub Test(var1, var2)
    var1 = var1 ^ 2
    var2 = var2 ^ 2
    var3 = Sqr(var1 + var2)
```

```
    Print var3;
End Sub
```

程序解读：

当单击命令按钮后，程序的流程进入命令按钮单击事件，对变量 x，y 新开空间并分别赋值为 3，4；

当执行到语句 Call Test(x,y)时，程序的流程转到子过程，按参数的位置进行一一对应的参数传递；

这里的参数传递的方式没有指明，为默认的按地址传递，所以子过程中的形式参数 val1 和 val2 直接使用实参 x 和 y 的空间；

对形参 val1 和 val2 的值分别进行修改的同时，就修改了实参 x 和 y 的值。

执行子过程内的输出语句 Print val3 后，执行 End Sub，程序的流程转回到主调程序，再执行主调程序的输出语句。

实例 4　下面程序运行时，连续三次单击命令按钮 Command1，窗体上输出的最后一行内容是_____。

```
Dim z As Integer
Private Sub Command1_Click()
    Static x As Integer
    Dim y As Integer
    x = x + 1
    y = x + y + 1
    z = z + 1
    Print x; y; z
End Sub
```

程序解读：本题中 z 是窗体级变量，从窗体创建开始就被分配空间并初始化，直到窗体关闭才释放空间；x 是 Command1_Click 事件过程的静态变量，当程序的流程第一次进入到 Command1_Click 事件过程时被分配空间并初始化，直到窗体关闭才释放空间；y 是 Command1_Click 事件过程的动态变量，当程序流程进入到 Command1_Click 事件过程时被分配空间并初始化，当 Command1_Click 事件过程结束时被释放。

实例 5　下面程序运行时，单击命令按钮，窗体上显示的结果是_____。

```
Private Sub Command1_click()
    Dim  i  As  integer
    Print  ” a ” , ” b ”
    For  I=1 to 10
        Call f()
    Next i
End  Sub
Sub f()
    Static a    as  integer
    Dim  b As  integer
    a  =  a  +1
    b  =  b  +1
    Print  a, b
End Sub
```

程序解读：本题子过程 f()中的 a 是静态变量，当程序的流程第一次进入到子过程 f()时被分配空间并初始化，直到窗体关闭才释放空间，因此程序的流程再次进入到子过程 f()时，继续使用上一次的内容；b 是子过程 f()的动态变量，当程序流程进入到子过程 f()时被分配空间并初始化，当子过程 f()结束时被释放，因此当程序的流程再次进入时，重新给 b 分配空间。

实例 6　下面程序运行时，如果 6 次单击窗体，则窗体标题的值是_____。

```
Private Sub Form_Click()
    Static index As integer
    index = index + 1
    Select case index
        Case 1
            Form1.caption= "单项测试题"
        Case 2
            Forml.caption = "Windows 操作题"
        Case 3
            Forml.caption = "Word 操作题"
        Case 4
            Forml.Caption = "Excel 操作题"
        Case 5
            Form1.Caption= "网络操作题"
        Case Else
            Index = 0
        End Select
End Sub
```

程序解读：本题 Form_Click()事件过程中的 index 是静态变量，当程序的流程第一次进入到 Form_Click()事件过程时 index 被分配空间并初始化，直到窗体关闭才释放空间，因此程序的流程再次进入到 Form_Click()事件过程时，继续使用上一次的内容。

（二）程序设计题。

1. 编写函数过程实现求阶乘的功能，待计算的内容从主调程序中输入。

2. 编写程序，利用 Function 函数计算下式的值。

$$y = \frac{(1+2+3+\cdots+m)+(1+2+3+\cdots+n)}{(1+2+3+\cdots+p)}$$

3. 编写函数过程计算三角形的面积。要求三角形的三边在主程序中输入，并用下面提供的海伦公式计算三角形的面积（三角形的三边分别用 a，b，c 表示，s 代表三角形的面积）。

$$p = \frac{a+b+c}{2}, \quad s = \sqrt{p*(p-a)*(p-b)*(p-c)}$$

4. 编写函数过程，在已知的字符串 S 中，找出最长的单词。设字符串 S 中只含有字母和空格，空格用来分隔不同的单词。

5. 编写一个函数过程 DeleSte(S1,S2)，将字符串 s1 中出现的 s2 字符串删除，结果还存放在 s1 中。例如：字符串 s1="12345678AAABBDFG12345"，字符串 S2="234"，结果为 s1="15678AAABBDFG15"。

提示：

（1）在 s1 字符串中查找 s2 字符串，可利用 InStr()函数，考虑到 s1 中可能存在多个或不存在 s2 字符串，用 Do While Instr(s1,s2)>0 循环结构来实现。

（2）如果在 s1 中找不到 s2 字符串，首先要确定 s1 字符串的长度，因 s1 字符串在进行多次删除时，长度在变换；然后通过 Left()、Right()函数的调用删除 s1 中存在的 s2 字符串。

第 8 章　键盘和鼠标事件

菜单、工具栏、状态栏、文档界面等是 Windows 程序界面的标准要素，它们把用户从繁琐的命令和参数中解放出来，用户可以通过鼠标、键盘方便直观地操作计算机。本章单独讲解常用控件的键盘和鼠标事件。

8.1　鼠标器和键盘

用户对程序界面的操作都是通过键盘和鼠标完成的。Visual Basic 中的窗体和大多数控件都能响应多种鼠标事件和键盘事件。例如，窗体、图片框与图像控件都能检测鼠标指针的位置，并可判定其左、右键是否已按下，还能响应鼠标按钮与 Shift、Ctrl 或 Alt 键的各种组合。利用键盘事件可以编程响应多种键盘操作，也可以解释、处理 ASCII 字符。

8.1.1　键盘事件

键盘是进行数据输入的基本设备。在 Visual Basic 程序中，常需要用键盘进行操作，尤其是对于接受输入的控件，例如文本框，需要控制文本框中输入的内容，处理 ASCII 字符，这就需要通过键盘事件编程来实现。

在 Visual Basic 中，控件对象能识别的键盘事件有下列三种：

- KeyPress 事件：用户按下并且释放一个会产生 ASCII 码的键时被触发。
- KeyDown 事件：用户按下键盘上任意一个键时被触发。
- KeyUp 事件：用户释放键盘上任意一个键时被触发。

（1）KeyPress 事件。

在按下与 ASCII 字符对应的键时将触发 KeyPress 事件。ASCII 字符集不仅代表标准键盘的字母、数字和标点符号，而且也代表大多数控制键。但是 KeyPress 事件只识别 Enter、Tab 和 Backspace 三个功能键。KeyDown 和 KeyUp 事件才能够检测其他功能键、编辑键和定位键。

无论何时要处理标准 ASCII 字符都应使用 KeyPress 事件。例如，在窗体上有一个文本框 Text1，其事件过程的形式如下：

```
Private Sub Text1_KeyPress(KeyAscii As Integer)
...
End Sub
```

其中参数 KeyAscii 是按键事件发生后，返回所按键的 ASCII 码值。

注意：只有获得焦点的对象才能够接受键盘事件。因此，只有当窗体为活动窗体且其上所有控件均未获得焦点时，窗体才获得焦点。这种情况只有在空窗体和窗体上的控件都无效时才会发生。但是，如果将窗体的 KeyPreview 属性设置为 True，则能使窗体优先接受键盘事件。当您希望无论何时按下某按键都会执行同一个操作，而不管哪个控件在此时具有焦点时，这样设置 KeyPreview 属性便极为有用。

例 8-1　用窗体的 KeyPress 事件书写程序，判断按下的键是否是 0～9，如果是则输出，否则提示"程序结束啦…",且结束运行。

```
Private Sub Form_KeyPress(KeyAscii As Integer)
If Chr(KeyAscii) >= "0" And Chr(KeyAscii) <= "9" Then
    Print Chr(KeyAscii)
Else
  MsgBox "程序结束啦...", , "消息框"
    End
End If
End Sub
```

请读者运行以上小程序,体会 KeyPress 事件的意义。值得一提的是:许多控件均能接受 KeyPress 事件,如文本框、标签等,因此,利用 KeyPress 事件可以设计很多实用程序。

(2) KeyDown 和 KeyUp 事件。

KeyDown 和 KeyUp 事件报告键盘本身准确的物理状态:按下键(KeyDown)及松开键 (KeyUp)。与此成对照的是,KeyPress 事件并不直接地报告键盘状态,它只提供键所代表的字符而不识别键的按下或松开状态。

例如,在窗体上有一个文本框 Text1,这两个事件过程的形式如下:

```
Private Sub Text1_KeyUp(KeyCode As Integer, Shift As Integer)
    …
End Sub
Private Sub Text1_KeyDown(KeyCode As Integer, Shift As Integer)
    …
End Sub
```

说明:

①KeyCode 参数返回按键的扫描码。键盘上的每个键均有唯一的扫描码,此参数指示了按键的物理位置。如 "A" 与 "a" 是同一个键,故扫描码均为 65。但是键盘上的"1"和数字小键盘的"1"就有不同的扫描码。部分键的扫描码见表 8-1。

利用下面程序能在窗体上输出所按键的扫描码:

```
Private Sub Form_KeyDown(KeyCode As Integer, Shift As Integer)
Print KeyCode
End Sub
```

②Shift 参数反映了在操作过程中是否按下了 Shift、Ctrl 和 Alt 键或组合按下这些键。

Shift 参数是一个三位二进制数 $b_2b_1b_0$。

根据 Shift、Ctrl 和 Alt 键的状态可在 Shift 参数中设置三位中的任一位或所有各位。下面列出这些值和常数:

001	1	vbShiftMask	按 Shift 键
010	2	vbCtrlMask	按 Ctrl 键
011	3	vbShiftMask + vbCtrlMask	按 Shift 和 Ctrl
100	4	vbAltMask	按 Alt 键
101	5	vbShiftMask + vbAltMask	按 Shift 和 Alt 键
110	6	vbCtrlMask + vbAltMask	按 Ctrl 和 Alt 键
111	7	vbCtrlMask + vbAltMask + vbShiftMask	按 Shift、Ctrl 和 Alt 键

表 8-1 部分键的扫描码

分类	按键	扫描码	分类	按键	扫描码	分类	按键	扫描码
数字键	1！	49	字母键	A	65	其他符号	-（—）	189
	2	50		B	66		=（+）	187
	3	51		C	67		.（>）	190
	4	52		D	68		,（<=）	188
	5	53		E	69		/（?）	191
	6	54		F	70		[（{）	219
	7	55		G	71		]（}）	221
	8	56		H	72		\（|）	220
	9〔	57		I	73		;（:）	186
	0）	48		J	74		'（"）	222
控制键	ctrl	17		K	75		←-	8
	alt	18		L	76		Enter	13
	shift	16		M	77	小键盘	0	96
	CapsLock	20		N	78		1	97
	Tab	9		O	79		2	98
	ESC	27		P	80		3	99
	PageUp	33		Q	81		4	100
	PageDown	34		R	82		5	101
方向键	空格	32		S	83		6	102
	↑	38		T	84		7	103
	↓	40		U	85		8	104
	←	37		V	86		9	105
	→	39		W	87		Del	110
				X	88		/	111
				Y	89		*	106
				Z	90			

一般来讲，如果需要检测键盘输入的哪个字符，则选用 KeyPress 事件；如果需要检测所按的是哪个键，则选用 KeyDown 或 KeyUp 事件。

8.1.2 鼠标事件

前面各章程序中常用到 Click（单击）和 Dblclick（双击）等鼠标事件，事实上还可以通过 MouseDown、MouseUp、MouseMove 事件使应用程序对鼠标位置及状态的变化作出响应（不包括拖动事件）。大多数控件都能够识别这些鼠标事件。

- MouseDown 事件：按下任意鼠标按钮时发生。
- MouseUp 事件：释放任意鼠标按钮时发生。

● MouseMove 事件：每当鼠标指针移动到屏幕新位置时发生。

当鼠标指针位于无控件的窗体上方时，窗体将识别鼠标事件。当鼠标指针在控件上方时，控件将识别鼠标事件。如果按下鼠标按钮不放，则对象将继续识别所有鼠标事件，直到用户释放按钮。即使此时指针已移开对象，情况也是如此。

与上述三个鼠标事件相对应的鼠标事件过程形式如下：

```
Private Sub Form_MouseDown(Button As Integer,Shift As Integer,X As Single,Y As Single)
    …
End Sub
Private Sub Form_MouseMove(Button As Integer, Shift As Integer, X As Single, Y As Single)
    …
End Sub
Private Sub Form_MouseUp(Button As Integer, Shift As Integer, X As Single, Y As Single)
    …
End Sub
```

这三种鼠标事件都返回如下参数：

（1）Button 是一个三位二进制数 $b_2b_1b_0$，描述鼠标按钮的状态：

$b_0=1$ 表示左键按下或释放　　　1

$b_1=1$ 表示右键按下或释放　　　2

$b_2=1$ 表示中键按下或释放　　　4

（2）Shift 参数与键盘事件返回的 Shift 参数完全相同，也反映用户在按下鼠标键的同时，按了 Shift、Ctrl、Alt 这三个控制键中的哪一个键或它们的哪一种组合。

（3）x，y 表示鼠标指针的位置，即接受鼠标事件的对象的坐标系统描述的鼠标指针位置。

注意：MouseDown 和 MouseUp 事件的 Button 值无法检测是否同时按下鼠标器的两个以上的键，而 MouseMove 事件的 Button 值表示所有鼠标键的当前状态，如同时按下鼠标的左、右键移动鼠标，则 Button 为二进制的 11，即 3。

例如，创建一个工程，为窗体编写一个 MouseDown 事件过程：

```
Private Sub Form_MouseDown(Button As Integer, Shift As Integer, X As Single, Y As Single)
    CurrentX = X                    '把窗体的当前输出位置设置为鼠标点击的位置
    CurrentY = Y
    If Button = 1 Then
        Print "程序设计"
    ElseIf Button = 2 Then
        Print "Programming"
    End If
End Sub
```

说明：程序运行后，若在窗体上点击鼠标左键，在点击处显示"程序设计"，若在窗体上点击鼠标右键，在点击处显示 Programming。

另外，可以通过控件的 MousePointer 和 MouseIcon 属性，设置鼠标器移到不同控件上时，出现不同的形状。

MousePointer 可设置的值及对应的形状如下：

vbDefault	0	（缺省值）形状由对象决定
VbArrow	1	箭头
VbCrosshair	2	十字线（crosshair 指针）

VbIbeam	3	I 型
VbIconPointer	4	图标（矩形内的小矩形）
VbSizePointer	5	尺寸线（指向东、南、西和北四方向的箭头）
VbSizeNESW	6	右上－左下尺寸线（指向东北和西南方向的双箭头）
VbSizeNS	7	垂一直尺寸线（指向南和北的双箭头）
VbSizeNWSE	8	左上－右下尺寸线（指向东南和西北方向的双箭头）
VbSizeWE	9	水一平尺寸线（指向东和西两个方向的双箭头）
VbUpArrow	10	向上的箭头
VbHourglass	11	沙漏（表示等待状态）
VbNoDrop	12	不允许放下
VbArrowHourglass	13	箭头和沙漏
VbArrowQuestion	14	箭头和问号
VbSizeAll	15	四向尺寸线
VbCustom	99	通过 MouseIcon 属性所指定的自定义图标

书写程序，设置鼠标指向不同对象时出现不同的形状。

步骤：

①在窗体上画 1 个命令按钮、1 个文本框、1 个标签和 1 个列表框。

②书写如下代码，则在程序运行后，鼠标器移动到不同控件的上方将显示不同的形状。

```
Private Sub Form_Load()
    Form1.MousePointer = 0
    Command1.MousePointer = 2
    Text1.MousePointer = 11
    Label1.MousePointer = 14
    List1.MousePointer = 15
End Sub
```

请读者在窗体上画出上述控件，再运行以上程序，体会 MousePointer 属性的意义。

8.2 键盘和鼠标事件的应用

利用控件的键盘和鼠标事件能够处理很多与键盘、鼠标输入有关的问题，书写很多有趣的程序。

8.2.1 键盘事件应用举例

例 8-2 设计程序，从键盘输入字符时，在窗体上立即显示所键入的字符和该字符的 ASCII 码。双击窗体时，清除窗体上显示的内容。

很显然，本题与窗体的键盘事件有关。由于需要获得按键的 ASCII 码，故使用 KeyPress 事件。程序代码如下：

```
Private Sub Form_KeyPress(KeyAscii As Integer)
Print Tab(10); Chr(KeyAscii), KeyAscii
End Sub
```

例 8-3 设计对输入字符进行转换的程序。转换规则为：将其中的小写字母转换为大写字母，大写字母转换为小写字母，其余非字母字符均转换为*。在一个文本框中每输入一个字符，马上就进行判断和转换，转换后的结果显示在另一个文本框中。

程序设计步骤：

①在窗体上画 1 个文本框。

②由于需要获得每次键入的字符判断其性质（大、小写或非字母），故使用 KeyPress 事件。程序代码如下：

```
Private Sub Form_Load()
Form1.Caption = "键盘事件应用"
Text1.Text = ""
Text2.Text = ""
End Sub
Private Sub Text1_KeyPress(KeyAscii As Integer)
Dim str As String
If Chr(KeyAscii) >= "a" And Chr(KeyAscii) <= "z" Then
    str = UCase(Chr(KeyAscii))
ElseIf Chr(KeyAscii) >= "A" And Chr(KeyAscii) <= "Z" Then
    str = LCase(Chr(KeyAscii))
Else
    str = "*"
End If
Text2.Text = Text2.Text & str
End Sub
```

例 8-4 在窗体上画一个图片框，利用方向键←、→、↑、↓控制图片框的移动。

程序设计步骤：

①在窗体上画 1 个图片框。

②由于需要获得键入的是否是←、→、↑、↓键且判断是哪个键，故使用 KeyDown 事件，利用按键的扫描码判断按下的是哪个键。

程序代码如下：

```
Private Sub picture1_KeyDown(KeyCode As Integer, Shift As Integer)
If KeyCode = 37 Then
    Picture1.Left = Picture1.Left - 200
ElseIf KeyCode = 38 Then
    Picture1.Top = Picture1.Top - 200
ElseIf KeyCode = 39 Then
    Picture1.Left = Picture1.Left + 200
ElseIf KeyCode = 40 Then
    Picture1.Top = Picture1.Top + 200
End If
End Sub
```

例 8-5 编写一个英文打字练习程序。要求程序实现功能如下：

（1）在一个标签内随机产生 40 个字母作范文；

（2）当焦点进入文本框时开始计时，不断显示所用时间；

（3）在文本框中按产生的范文输入相应的字母，不断统计当前的正确率。

设计步骤如下：

①创建一个工程，在窗体上添加 2 个框架 Frame1～Frame2，3 个标签 Label1～Label3，3 个文体框 Text1～Text3 和 2 个命令按钮 Command1～Command2。程序运行界面如图 8-1 所示。

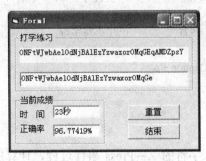

图 8-1　打字练习程序界面

②编写程序代码。

首先在通用段编写一个统计函数 Stat，统计当前输入字符的正确率。代码如下：

```
Public Function Stat(s1 As String, s2 As String) As Single
    Dim y As Integer, n As Integer, i As Integer
    y = 0: n = 0
    For i = 1 To Len(s1)
        If Mid(s1, i, 1) = Mid(s2, i, 1) Then
            y = y + 1
        Else
            n = n + 1
        End If
    Next
    If y + n <> 0 Then
        Stat = y / (y + n) * 100
    Else
        Stat = y / (y + n + 1) * 100
    End If
End Function
```

编写窗体的 Load 事件过程，设置控件的相关属性值。代码如下：

```
Private Sub Form_Load()
    Frame1.Caption = "打字练习"
    Label1.BackColor = RGB(255, 255, 255)
    Text1.Text = "": Text1.Tag = 0          '把 Tag 属性转换为数值型
    Frame2.Caption = "当前成绩"
    Label2.Caption = "时    间": Label3.Caption = "正确率"
    Text2.Text = "": Text2.Locked = True
    Text3.Text = "": Text3.Locked = True
    Command1.Caption = "重置"
    Command2.Caption = "结束"
End Sub
```

编写窗体的 Activate 事件过程，在标签 Label1 中显示范文。代码如下：

```
Private Sub Form_Activate()
    Randomize
    Label1.Caption = ""
```

```
    For i = 1 To 40
        If Int(2 * Rnd) Then
            a = Chr(Int(Rnd * 26) + 65)              '产生大写字母
        Else
            a = Chr(Int(Rnd * 26) + 97)              '产生小写字母
        End If
        Label1.Caption = Label1.Caption + a
    Next
    Text1.SetFocus
    Text1.Tag = Timer
End Sub
```

编写在文本框 Text1 输入字符的 KeyPress 事件过程，计算所用时间和调用统计函数过程 Stat，统计当前输入字符的正确率。代码如下：

```
Private Sub Text1_KeyPress(KeyAscii As Integer)
    t2 = Int(Timer - Text1.Tag)                      '计算用时
    Text2 = t2 & "秒"
    Text3 = Stat(Text1, Label1.Caption) & "%"        '计算并输出正确率
End Sub
```

编写"重置"命令按钮 Command1 的 Click 事件过程，初始化程序。代码如下：

```
Private Sub Command1_Click()
    Text1.Text = ""
    Text2.Text = ""
    Text3.Text = ""
    Form_Activate
End Sub
```

编写"结束"命令按钮 Command2 的 Click 事件过程，退出程序。代码如下：

```
Private Sub Command2_Click()
    Unload Me
End Sub
```

8.2.2　鼠标事件应用举例

例 8-6　编写程序，在鼠标左键单击窗体位置显示*，如图 8-2 所示，当鼠标右键单击窗体时清除窗体信息。

图 8-2　例 8-6 界面

程序设计步骤：

问题关键是获得鼠标单击的位置坐标，利用鼠标事件即可，再结合判断按下的是左键或右键则可以书写程序如下：

```
Private Sub Form_Load()
Form1.Caption = "鼠标事件应用"
End Sub
Private Sub Form_MouseDown(Button As Integer, Shift As Integer, X As Single, Y As Single)
If Button = 1 Then     '按下左键则输出*
  CurrentX = X
  CurrentY = Y
  Print "*"
Else
  Cls
End If
End Sub
```

例 8-7   利用鼠标单击操作移动窗体上的图片，要求：

（1）鼠标左键单击窗体时，图片左移一段距离；

（2）鼠标右键单击窗体时，图片右移一段距离；

（3）若鼠标单击时再按下 Shift，则图片还将下移一段距离；

（4）若鼠标单击时再按下 Ctrl，则图片还将上移一段距离。

程序设计步骤：

①在窗体上放 1 个图片控件。

②利用鼠标事件书写代码如下：

```
Private Sub Form_MouseDown(Button As Integer, Shift As Integer, X As Single, Y As Single)
If Button = 1 Then        'Button = 1 表示左键按下
    Picture1.Left = Picture1.Left - 100
Else
    Picture1.Left = Picture1.Left + 100
End If
If Shift = 1 Then
    Picture1.Top = Picture1.Top + 100
ElseIf Shift = 2 Then          'Shift = 2 表示 Ctrl 键按下
    Picture1.Top = Picture1.Top - 100
End If
End Sub
```

鼠标事件返回的位置参数 x，y 在画图等应用问题中非常有用，可以设计很多有趣又实用的程序，提高程序设计的能力。

习题 8

一、单项选择题

1．在 MouseDown 事件过程中，参数 Button 的值为 2 表示按下的鼠标按键是（　　）。

  A．鼠标左键　　　　　　　　B．鼠标右键

  C．同时按下鼠标左键右键　　D．未按鼠标按键

2．在 MouseDown 事件过程中，参数 Shift 的值为 2 表示按下鼠标键的同时按下了功能键（　　）。

A．Shift 键　　　　B．Ctrl 键　　　　C．Alt 键　　　　D．Alt+Shift 键

3．按下键盘上的 Shift 键的同时，在窗体上按下鼠标左键并拖动鼠标，在事件过程 MouseMove (Button,Shift,X,Y)中有效的程序段为（　　）。

A．If Button = 1 And Shift = 1 Then

B．If Button = 1 And Shift = 2 Then

C．If Button = 2 And Shift = 1 Then

D．If Button = 2 And Shift = 2 Then

4．在 KeyDown 和 KeyUp 事件过程中，参数 Shift 为 6 时，代表同时按下（　　）和（　　）键。

A．Ctrl　　　　B．Shift　　　　C．Enter　　　　D．Alt

5．在 MouseDown 和 MouseUp 事件过程中，参数 Button 为 1 时，代表按下鼠标的（　　）键。

A．左　　　　B．右　　　　C．中　　　　D．没有按键

6．已知：字母“A”和“a”的键盘扫描码均为 65，编写如下三个事件过程。运行程序后，直接按下“a”键，则程序的输出是（　　）。

```
Private Sub Form_KeyDown(KeyCode As Integer, Shift As Integer)
    Print Chr(KeyCode + 1);
End Sub
Private Sub Form_KeyPress(KeyAscii As Integer)
    Print Chr(KeyAscii + 2);
End Sub
Private Sub Form_KeyUp(KeyCode As Integer, Shift As Integer)
    Print Chr(KeyCode);
End Sub
```

A．Acb　　　　B．BcA　　　　C．Abc　　　　D．bCa

7．编写如下事件过程，程序运行后，为了在文本框内输出 ABCD，应执行的操作是（　　）。

```
Private Sub Text1_MouseDown(Button As Integer, Shift As Integer, X As Single, Y As Single)
    If Shift = 1 And Button = 2 Then
        Text1.Text = "ABCD"
    End If
End Sub
```

A．按住 Shift 键的同时，用鼠标左键单击文本框

B．按住 Shift 键的同时，用鼠标右键单击文本框

C．按住 Ctrl 及 Alt 键的同时，用鼠标右键单击文本框

D．按住 Ctrl 及 Alt 键的同时，用鼠标左键单击文本框

实验 8

一、实验目的

（1）掌握键盘事件 KeyPress、KeyDown 和 KeyUp 的基本用法。

（2）掌握鼠标事件 MouseDown、MouseUp 和 MouseMove 的基本用法。

（3）掌握键盘与鼠标联合使用的方法。

二、实验内容

（1）修改例 8-5，用键盘控制图片框在窗体上进行→、←、↑、↓，↙，↘，↗，↖等八个方向的移动。

（2）设计一个 Windows 的屏幕保护程序。屏幕保护程序运行后能检测到任何来自鼠标、键盘的操作，程序中包含有用于退出屏幕保护程序的键盘事件（一般编写 KeyDown 事件）和鼠标事件（一般编写 MouseDown 和 MouseMove 事件）过程。

提示：

①设计好应用程序的界面（界面上应该有移动的内容），编写相应的程序代码，并将应用程序窗体的 BorderStyle 属性设置为 0-None，将 WindowState 属性设置为 2-Maximized。

②通过执行"文件"→"生成 xxx.exe"命令，生成应用程序的 EXE 文件，并保存在 Windows 的系统文件夹中，如 C:\windows\System32（适用于 Windows XP）。

③将应用程序的 EXE 文件扩展名改为 scr。

④在显示器属性窗口中设置保护程序。

第 9 章　图形应用

作为前面各章的应用，本章介绍图形应用程序设计。

Visual Basic 具有丰富的图形功能，不仅可以通过图形控件进行图形和绘图操作，还可以通过绘图方法在窗体、图片框和 Printer 对象上输出图形。

Visual Basic 的绘图方法有 Line、Circle、Pset 和 Point 等。

Visual Basic 提供的与图形操作有关的控件主要有 PicturBox（图片框）、Image（图像框）、Line（直线控件）和 Shape（形状控件）。

9.1　图形操作基础

9.1.1　坐标系统

每一个图形操作（包括调整大小、移动和绘图），都要使用绘图区或容器的坐标系统。另外，在应用程序中常需要用坐标系统控制窗体在显示屏幕上、控件在窗体及其他控件容器上的相对位置。

（1）坐标的概念。

坐标系统是一个二维网格，可定义在屏幕上、窗体中或其他容器中（如图片框）的位置。使用窗体中的坐标可定义网格上的位置（x，y）。

Visual Basic 默认的坐标系统如图 9-1 所示，x 值是沿 x 轴点的位置，最左端是缺省位置 0。y 值是沿 y 轴点的位置，最上端是缺省位置 0。

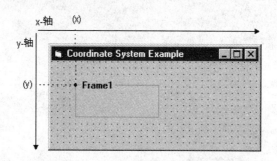

图 9-1　窗体的默认坐标系统

以下规则用于 Visual Basic 坐标系统：

- 当移动控件或调整控件的大小时，使用控件容器的坐标系统。如果直接在窗体上绘制对象，窗体就是容器。如果在框架或图片框里绘制控件，框架或控件是容器。
- 所有的图形和 Print 方法，使用容器的坐标系统。例如，那些在图片框里绘制控件的语句，使用的是图片框控件的坐标系统。
- 屏幕的左上角总是（0，0）。任何容器的缺省坐标系统，都是由容器的左上角（0，0）

坐标开始。

（2）坐标刻度与单位。

沿坐标轴定义位置的测量单位，统称为刻度。坐标轴的方向、起点和坐标系统的刻度，都是可以改变的，一般使用的是缺省（默认）坐标系统。

所有 Visual Basic 的移动、调整大小和图形绘制语句，根据缺省规定，使用缇（Twip）为单位。缇是打印机的一磅的 1/20（1440 缇等于一英寸；567 缇等于一厘米）。这些测量值指示对象打印后的大小。屏幕上的物理实际距离根据监视器的大小变化。

可以使用对象的刻度属性和 Scale 方法，设置特定对象（窗体或控件）的坐标系统。使用坐标系统有以下三种不同的方法：使用缺省的刻度、选择标准刻度和创建自定义刻度。

1）使用缺省刻度单位。

每个窗体和图片框都有几个刻度属性（ScaleLeft、ScaleTop、ScaleWidth、ScaleHeight 和 ScaleMode）和一个方法（Scale），它们可用来定义坐标系统。对于 Visual Basic 中的对象，缺省刻度把坐标（0，0）放置在对象的左上角。缺省刻度单位为缇。

2）选择标准刻度单位。

可通过设置对象的 ScaleMode 属性，用标准刻度来定义坐标刻度单位。表 9-1 列出了 ScaleMode 属性可能设置的值。

表 9-1　ScaleMode 属性设置值

属性值	常数	说明
0	VbUser	用户自定义坐标系统
1	VbTeips	缇。这是缺省刻度。1440 缇等于一英寸
2	VbPoints	磅。72 磅等于一英寸
3	VbPixels	像素。像素是监视器或打印机分辨率的最小单位
4	VbCharacters	字符。打印时，一个字符有 1/6 英寸高、1/12 英寸宽
5	VbInches	英寸
6	VbMillimeters	毫米
7	VbCentimeters	厘米

例如语句：Form1.ScaleMode = 3

可使窗体的坐标刻度单位改为像素。绘图时以像素为单位能方便地根据显示或打印的分辨率控制图形的大小。

在用户自己定义坐标系统中，使用的坐标刻度也自然是自己定义的刻度。

9.1.2　自定义坐标系统

在 Visual Basic 中允许用户自己定义对象的坐标系统，即通过坐标属性或坐标方法重新定义对象的坐标系统，且一旦重新定义坐标系统后，就自动把 ScaleMode 属性设置为 0。

（1）使用坐标方法定义坐标系统。

使用坐标方法 Scale 定义对象的坐标系统，是快速设置坐标最有效的途径。

[格式] [对象名.]Scale(x1,y1)-(x2,y2)

其中：

(x1,y1)为自定义坐标系中左上角点的坐标；

(x2,y2)为自定义坐标系中右下角点的坐标。

例如，定义如图9-2所示笛卡尔样坐标系的代码为：

```
Private Sub Form_click()
    Me.Width = 2000                              '确定窗体的宽度为 2000 缇
    Me.Height = 2000                             '确定窗体的高度为 2000 缇
    Form1.Scale (-250, 250)-(250, -250)          '直接书写自定义坐标系中左上角和右下角坐标
    Line (-250, 0)-(250, 0)                      '画 X 轴
    Line (0, 250)-(0, -250)                      '画 Y 轴
End Sub
```

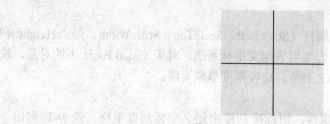

图 9-2   设置坐标系

由于窗体无边框，且 Me.Width = 2000，Me.Height = 2000，而自定义坐标系时，规定窗体的 X 和 Y 方向均为 500 个刻度，则自定义坐标系中每个刻度的长度为 2000/500=4 缇。

（2）用坐标属性定义坐标系统。

使用对象的 ScaleLeft、ScaleTop、ScaleWidth 和 ScaleHeight 四个属性，可以在 Visual Basic 的坐标系下设置自定义的刻度，或取得当前坐标系统中当前刻度的详细信息。

1）ScaleLeft 和 ScaleTop 属性。

ScaleLeft：对象左上角的横坐标，是对象左边沿到 Y 轴的的距离矢量。

ScaleTop：对象左上角的纵坐标，对象上边沿到 X 轴的距离矢量。

2）ScaleWidth 和 ScaleHeight 属性。

ScaleWidth：对象内部（不包括边框）从左边沿到右边沿的距离矢量。

ScaleHeight：对象内部（不包括边框）从上边沿到下边沿的距离矢量。

例如，先设置窗体的 BorderStyle=0（无边框），Me.Width = 2000：Me.Height = 2000，可以获得不带边框，宽和高均为 2000 缇外形尺寸的窗体。再设置窗体的 ScaleWidth = 500：ScaleHeight = 500，则当前窗体内部宽度的 1/500 为水平单位，当前窗体内部高度的 1/500 为垂直单位。即 2000*1/500=4 缇为用户定义的水平单位；2000*1/500=4 缇为用户定义的垂直单位。如果窗体的大小以后被调整，则每个单位的缇数会改变，但仍然只有 500 个刻度。

说明：

①ScaleWidth 和 ScaleHeight 是根据对象的内部尺寸来定义单位的，这些尺寸不包括边框厚度或菜单（或标题栏）的高度。因此，ScaleWidth 和 ScaleHeight 总是指对象内的可用空间的大小（即内空尺寸）。内部尺寸和外部尺寸（由 Width 和 Height 指定）的区别，对于有宽厚边框的窗体特别重要。

②Width 和 Height 总是按照容器的坐标系统来表示，直接影响对象的大小；ScaleWidth 和 ScaleHeight 决定了对象本身的坐标系统，并不直接影响对象的大小。

③对象右下角的坐标为：(ScaleLeft+ScaleWidth,ScaleTop+ScaleHeight)。

3）CurrentX、CurrentY 属性。

CurrentX：当前点（当前画笔位置、打印头位置或输出点位置）的横坐标。

CurrentY：当前点的纵坐标。

例如，利用坐标属性定义如图 9-2 所示（笛卡尔样）窗体 Form1 的坐标系。可书写下面代码实现：

```
Private Sub Form_Load()
    Form1.ScaleLeft = -250: Form1.ScaleTop = 250
    Form1.ScaleWidth = 500: Form1.ScaleHeight = -500 '定义刻度，Y 轴反向
End Sub
```

编写窗体的 Click 事件过程，画出两坐标轴。代码如下：

```
Private Sub Form_Click()
    Cls
    Line (-250, 0)-(250, 0)                'Line 方法画直线 X 轴
    Line (0, 250)-(0, -250)                'Line 方法画直线 Y 轴
End Sub
```

程序运行的情况如图 9-2 所示。可以看到，窗体左上角的坐标为（-250，250），由此可计算右下角的坐标为：

(-250+500,250-500)=(250,-250)

9.2　绘图属性

在 Visual Basic 中，作为图形输出的对象，如窗体、图片框都有一些与图形相关的属性，用于设置图形的线型、线宽、颜色、填充样式等。

9.2.1　当前坐标

图形输出对象的当前坐标 CurrentX、CurrentY 用于返回或设置在窗体或图片框中，下一次打印或绘图方法的水平（CurrentX）和垂直（CurrentY）坐标。当前坐标在窗体设计时不可用，只能在程序代码中使用。

[格式] 对象名.CurrentX[= x]

对象名.CurrentY[= y]

其中：

x 确定水平坐标的数值。

y 确定垂直坐标的数值。

要注意的是在坐标系确定后：(x,y)表示对象上的绝对坐标位置；Step(x,y)表示对象上的相对位置，即从当前坐标位置，分别平移 x 和 y 个单位，其绝对坐标为(CurrentX+x, CurrentY+y)。

9.2.2　线宽

DrawWidth 属性可以返回或设置图形方法输出的线宽，即画线的宽度或点的大小。

[格式] 对象名.DrawWidth [= size]

其中 size 是一个数值表达式，范围从 1 到 32767。该值以像素为单位表示线宽。缺省值为 1，即一个像素宽。

例 9-1 利用 line 绘图方法，循环输出各种线宽的直线。（注：line 绘图方法格式参见 9.3.2 小节）

程序设计思想：

循环画 5 条线，每次画线的起点和终点坐标在变化，画线的宽度也是变化的。画线时用窗体的默认坐标。书写程序代码如下，运行结果如图 9-3 所示。

```
Private Sub Form_Click()
Dim x As Long, y As Long
For i = 1 To 5
  Form1.DrawWidth = i * 2              '每次画线的宽度在变化
  x = 0                               '用窗体的默认坐标画线
  y = 500 * i
  Form1.Line (x, y)-(x + 5000, y)
Next i
End Sub
Private Sub Form_Load()
Form1.Caption = "画线宽度属性实例"
End Sub
```

图 9-3　用不同线宽画线结果

9.2.3　线型

图形输出对象的 DrawStyle 属性可以返回或设置一个值，以决定图形方法输出的线型的样式，即画线的形状。

[格式] 对象名.DrawStyle [= number]

其中 Number 是一个整数，用于指定线型，其设置值如下：

VbSolid	0	实线（缺省值）
VbDash	1	虚线
VbDot	2	点线
VbDashDot	3	点划线
VbDashDotDot	4	双点划线
VbInvisible	5	无线
VbInsideSolid	6	内收实线（用于画封闭线）。

说明：若 DrawWidth 属性设置大于 1，DrawStyle 属性值为 1 到 4 时会画一条实线（DrawStyle 属性值不改变）。若 DrawWidth=1，DrawStyle 产生的效果如前面表中的各设置值所述。

例 9-2　利用 line 绘图方法，循环输出各种线型的直线。（注：line 绘图方法格式参见 9.3.2 小节）

程序设计思想：

循环画 5 条线，每次画线的起点和终点坐标在变化，画线的线型也是变化的。画线时用窗体的默认坐标。书写程序代码如下，运行结果如图 9-4 所示。

```
Private Sub Form_Click()
Dim x As Long, y As Long
For i = 1 To 5
  Form1.DrawStyle = i - 1              '每次画线的线型在变化
  x = 0                                '用窗体的默认坐标画线
y = 500 * i
  Form1.Line (x, y)-(x + 5000, y)
Next i
End Sub
Private Sub Form_Load()
Form1.Caption = "画线线型属性实例"
End Sub
```

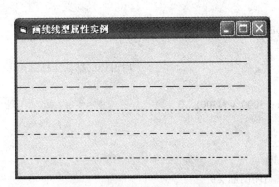

图 9-4　用不同线型画线结果

9.2.4　填充

封闭图形的填充方式由 FillStyle 和 FiillColor 这两个属性共同决定。FillColor 指定填充的颜色，默认的填充颜色与输出对象的 ForeColor 相同。FillStyle 属性指定填充的图案。

（1）FillColor 属性。

[格式] 对象名.FillColor [=value]

[功能] 返回或设置用于填充封闭图形图案的颜色。

其中 Value 为数值或常数，确定填充颜色，其设置值可以使用 RGB 函数、QBColor 函数、Visual Basic 的颜色常数和 6 位 16 进制数的颜色代码。缺省情况下，FillColor 设置为 0（黑色）。

（2）FillStyle 属性。

[格式] 对象名.FillStyle [= number]

[功能] 返回或设置用来填充封闭图形，如 Shape 控件以及由 Circle 和 Line 图形方法生成的圆和方框的图案。

其中 number 是整数，指定填充图案，设置值为：

VbFSSolid　　　　　　　0　　　实线

VbFSTransparent	1	透明（缺省值）
VbHorizontalLine	2	水平直线
VbVerticalLine	3	垂直直线
VbUpwardDiagonal	4	上斜对角线
VbDownwardDiagonal	5	下斜对角线
VbCross	6	十字线
VbDiagonalCross	7	交叉对角线

说明：如果 FillStyle 设置为 1（透明），则忽略 FillColor 属性，但是 Form 对象除外。

例 9-3　利用 line 绘图方法，循环输出各种封闭图形的填充效果。（注：line 绘图方法格式参见 9.3.2 小节）

程序设计思想：

循环画 5 个矩形，每次画线的起点和终点坐标在变化，填充效果也在变化。画矩形时用窗体的默认坐标。书写程序代码如下，运行结果如图 9-5 所示。

```
Private Sub Form_Click()
Dim x As Long, y As Long
For i = 1 To 5
    Form1.FillColor = QBColor(i)
    Form1.FillStyle = i + 2
    x = 0                               '用窗体的默认坐标画矩形
    y = 500 * i
    Form1.Line (x, y)-(x + 5000, y + 300), , B
Next i
End Sub
Private Sub Form_Load()
Form1.Caption = "填充封闭图形实例"
End Sub
```

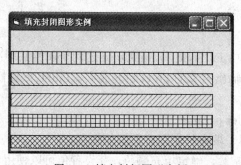

图 9-5　填充封闭图形实例

9.2.5　颜色属性

Visual Basic 中的许多控件都有决定控件显示颜色的属性。有些属性也适用于不是图形输出对象的控件。与控件颜色相关的属性有：

（1）BackColor 属性。为控件设置背景颜色。如果在绘图方法进行绘图之后改变 BackColor 属性，则已有的图形将会被新的背景颜色所覆盖。

（2）ForeColor 属性。设置绘图等方法在窗体或控件中创建文本、图形的颜色。改变 ForeColor 属性不影响已创建的文本或图形。

（3）BorderColor 属性。给图形控件（Line 和 Shape）的边框设置颜色。

（4）FillColor 属性。为用 Circle 方法创建的圆和用 Line 方法创建的方框，设置填充颜色。

关于颜色属性，在前面各章已经多次使用，这里就不再赘述。

9.3 图形方法

Visual Basic 提供了绘图的方法，下面是 Visual Basic 程序设计中常用的绘图方法，适用于窗体和图片框。

Cls	清除所有图形和 Print 输出
PSet	设置各个像素的颜色
Line	画线、矩形或填充框
Circle	画圆、椭圆或圆弧

9.3.1 PSet 方法

[格式] [对象名].PSet [Step] (x, y), [color]

[功能] 在对象上的指定位置，按指定颜色画点。

其中：加[]项可选。

对象名 如果省略，具有焦点的窗体作为画点的对象。

Step 指定相对于 CurrentX 和 CurrentY 属性的相对坐标作为画点的位置。

(x,y) Single(单精度浮点数)类型，设置画点的坐标。

color Long(长整型数)类型，为该点指定颜色值。如果省略，则使用对象的 ForeColor 属性值。

说明：

①所画点的尺寸取决于 DrawWidth 属性值。当 DrawWidth 为 1，PSet 将一个像素的点设置为指定颜色。当 DrawWidth 大于 1，则点的中心位于指定坐标。

②画点的方法取决于 DrawMode 和 DrawStyle 属性值。

③执行 PSet 时，CurrentX 和 CurrentY 属性被设置为参数(x,y)指定的点。

④想用 PSet 方法清除单一像素，可以规定该像素的坐标，并用 BackColor 属性设置作为 color 参数。

例 9-4 使用 PSet 方法绘制椭圆。

分析：椭圆的参数线方程为 $\begin{cases} x = a\cos t \\ y = b\sin t \end{cases}$，根据参数方程，用 Pset 方法逐点描绘椭圆。

编写 Form_Click()事件过程，运行程序后，单击窗体则出现如图 9-6 所示结果。

```
Private Sub Form_Click()
    Me.Caption = "PSet 方法"
    Const pi = 3.14159
    Me.Width = 2500
```

```
Me.Height = 2650
Me.DrawWidth = 1
Form1.Scale (-10, 10)-(10, -10)          '定义坐标系统
Line (-10, 0)-(10, 0)                    '画 X 轴
Line -(9, 1): Line (10, 0)-(9, -1)   '
Line (0, 10)-(0, -10)                    '画 Y 轴
Line (0, 10)-(-1, 9): Line (0, 10)-(1, 9)
Me.DrawWidth = 2
For t = 0 To 2 * pi Step 0.01
    x = 8 * Cos(t)
    y = 6 * Sin(t)                       '纵坐标反向，与笛卡尔坐标一致
    Me.PSet (x, y), vbBlue               '在指定坐标画出一个蓝色点
Next
```

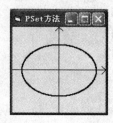

图 9-6　使用 PSet 方法画图

例 9-5　用 PSet 方法绘制抛物线（或其他函数曲线）。

分析：根据抛物线的函数 $y=ax^2$，选择合适的 a 值，使用 PSet 方法逐点描出曲线上的点。程序代码如下，运行结果如图 9-7 所示。

```
Private Sub Form_Click()
Me.Caption = "用 PSet 方法画函数曲线"
Me.Width = 4000: Me.Height = 4000
Me.Scale (-500, 1000)-(500, 0)
Line (0, 0)-(0, 1000)
For k = -500 To 500
    X = k
    Y = X * X / 100
    PSet (X, Y)
Next
End Sub
```

图 9-7　画抛物线

9.3.2　Line 方法

[格式]　[对象名.]Line [Step](x1, y1)-[Step](x2, y2), [color], [B][F]

[功能] 用于在对象上画直线和矩形。

其中：加[]项表示可选。

对象名　如果省略对象名，则在具有焦点的窗体上画直线和矩形。

Step　表示指定的起点坐标为相对于 CurrentX 和 CurrentY 的相对坐标，Step 后提供的坐标值(x1,y1)是沿坐标轴方向相对 CurrentX、CurrentY 的增量。

(x1, y1)　为直线或矩形的起点坐标，Single（单精度浮点数）型参数。画线对象的 ScaleMode 属性决定了使用的度量单位。如果省略，画线起始于由 CurrentX 和 CurrentY 指示的位置。

Step　指定相对于线的起点的终点坐标。

-(x2, y2)　Single（单精度浮点数）型参数，指定直线或矩形的终点坐标。注意，在该参数前面的横杠"-"也是必须的。

color　Long（长整型数）型参数，画线的颜色值。默认为对象的 ForeColor 属性值。

B　如果有该关键字，则以(x1,y1)和(x2,y2)为两对角坐标画矩形。

F　如果使用了 B 选项，则 F 选项规定矩形以矩形边框的颜色填充。只有使用 B 后才能用 F。如果不用 F 只用 B，则矩形用当前的 FillColor 和 FillStyle 填充。

说明：

①画相互连接的线时，前一条线的终点就是后一条线的起点。

②线的宽度取决于 DrawWidth 属性值。在背景上画线和矩形的方法取决于 DrawMode 和 DrawStyle 属性值。

③执行 Line 方法时，CurrentX 和 CurrentY 属性被参数设置为终点。

例 9-6　使用 Line 方法画三角形、矩形框和矩形块。

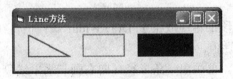

图 9-8　使用 Line 方法画直线和矩形

编写 Form_Click()事件过程如下，运行后单击窗体可出现图 9-8 所示结果。

```
Private Sub Form_Click()
    Me.Caption = "Line 方法"
    Me.Width = 5000
    Me.Height = 1500
    Me.DrawWidth = 2                    '设置画线的宽度
    Cls
    Scale (0, 0)-(15, 6)                '设置用户坐标系统
    Line (1, 1)-(4, 4), vbRed          '画直角三角形
    Line -Step(-3, 0), vbRed
    Line -Step(0, -3), vbRed
    Line (5, 4)-(8, 1), vbBlue, B      '画矩形框
    Line (9, 4)-(13, 1), vbBlue, BF    '画矩形块
End Sub
```

9.3.3   Circle 方法

[格式] [对象名].Circle [Step] (x, y), 半径, [color, start, end, aspect]

[功能] 在对象上画圆、椭圆、弧或扇形。

其中：加[]项可选。

对象名   如果省略，则具有焦点的窗体作为绘图对象。

Step   指定圆、椭圆或弧的中心坐标是相对于当前对象的 CurrentX 和 CurrentY 属性的相对坐标。

(x, y)   Single（单精度浮点数）类型，指定圆、椭圆或弧的中心坐标。对象的 ScaleMode 属性决定了使用的度量单位。

半径   Single（单精度浮点数）类型，指定圆、椭圆或弧的半径。对象的 ScaleMode 属性决定了使用的度量单位。

color   Long（长整型数)类型，指定圆的轮廓的颜色值。如果省略，则使用对象的 ForeColor 属性值。

start, end   Single（单精度浮点数）类型，用于画圆弧或椭圆弧时，指定（以弧度为单位)弧的起点和终点位置，其范围从-2π 到 2π。起点的缺省值是 0，终点的缺省值是 2π。

aspect   Single（单精度浮点数)类型，椭圆的纵横尺寸比。缺省值为 1.0，此时 Circle 方法在对象上将绘出一个标准圆（非椭圆）。

说明：

①想要填充圆，使用圆或椭圆所属对象的 FillColor 和 FillStyle 属性。只有封闭的图形才能填充。封闭图形包括圆、椭圆或扇形。

②画部分圆或椭圆时，如果 start 为负，Circle 画一半径到弧上的 start 点，并将角度处理为正的；如果 end 为负，Circle 画一半径到弧上的 end 点，并将角度处理为正的。Circle 方法总是逆时针（正）方向绘图。

③画圆、椭圆或弧时线段的粗细取决于 DrawWidth 属性值。在背景上画圆的方法取决于 DrawMode 和 DrawStyle 属性值。

④画角度为 0 的扇形时，要画出一条半径（向右画一水平线段)，这时给 start 规定一很小的负值，不要给 0。

⑤在编程时可以省略语法中间的某个参数，但不能省略分隔参数的逗号。程序中指定的最后一个参数后面的逗号是可以省略的。

⑥Circle 执行时，CurrentX 和 CurrentY 属性被设置为中心点的坐标。

例 9-7 使用 Circle 方法画扇形、画圆、画椭圆。

编写 Form_Click()事件过程如下，运行程序时单击窗体则出现如图 9-9 所示结果。

```
Private Sub Form_Click()
    Const Pi = 3.1415926
    Me.Caption = "Circle 方法"
    Me.Width = 2800
    Me.Height = 2800
    Me.Cls
    Me.DrawWidth = 3
    Scale (0, 0)-(20, 20)                    '自定义坐标系统
```

```
    Circle (10, 10), 6, vbRed, -Pi, -Pi / 2        '画扇形
    Circle Step(-3, -3.6), 3, vbBlue               '画圆
    Circle Step(0, 0), 3, vbBlue, , , 5 / 25       '画椭圆
End Sub
```

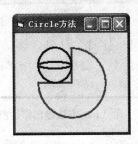

图 9-9　使用 Circle 方法画图

9.4　绘图方法的应用

9.4.1　绘制规则几何图形

利用 Line 方法、Circle 方法和 Pset 方法可以绘制各种几何图形。

例 9-8　书写程序显示如图 9-10 所示的图形。

在窗体上添加一个图片框，可以轻松地使用 Circle 方法在窗体上画六个环环相扣的圆，代码如下：

```
Private Sub form_activate()
    Form1.Caption = " Circle 方法应用"
    Form1.ScaleMode = 3
    Picture1.ScaleMode = 3
    For i = 0 To 5              '分别在窗体上和图片框上输出圆
        Circle (40 + i * 40, 50), 30
        Picture1.Circle (40 + i * 40, 50), 30
    Next
End Sub
```

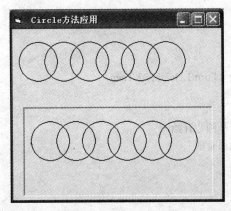

图 9-10　绘图方法应用

例 9-9 书写程序显示如图 9-11 所示图形。
在窗体上利用 Line 方法的相对坐标，可以写出输出图形的程序。

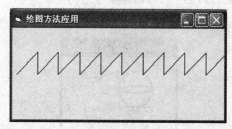

图 9-11   用 Line 方法输出锯齿波图形

```
Private Sub Form_Click()
    Form1.Caption = "绘图方法应用"
    Dim CenterX As Integer, CenterY As Integer
    CenterY = ScaleHeight / 2        '起点在窗体的水平中心处
    Cls
    PSet (100, CenterY)
    For i = 1 To 10
        Line -Step(500, -500)
         Line -Step(0, 500)
    Next i
End Sub
```

例 9-10   利用 Circle 方法和计时器控件，在窗体上定时显示不断变大的圆，当圆超过了窗体范围时，又重新从圆心开始显示。单击窗体时结束。

程序设计步骤：

①新建一个工程，在窗体上画 1 个计时器。

②书写代码如下，运行结果如图 9-12 所示，单击窗体时结束程序。

```
Dim r As Integer              '定义窗体级变量
Private Sub Form_Load()
Form1.Width = 5000: Form1.Height = 5000
Form1.Scale (-2500, 2500)-(2500, -2500) '定义窗体坐标
Form1.Caption = "显示定时变大的圆"
Timer1.Interval = 200
End Sub
Private Sub Timer1_Timer()
r = r + 100
If r < Form1.Width / 2 And r < Form1.Height / 2 Then
    Form1.Circle (0, 0), r
Else
    r = 0                 '重新从圆心开始
    Cls                   '清除原有的
End If
End Sub
Private Sub Form_Click()
Unload Me
End Sub
```

图 9-12 定时显示变大的圆

例 9-11 利用参数方程画正弦曲线、余弦曲线、正切曲线。

①在窗体上添加 1 个图片框 Picture1，1 个含有 3 个命令按钮的命令按钮数组 Command1。程序的用户界面如图 9-13 所示。

②编写程序代码。

在通用段定义常量 Pi，编写窗体的 Load 事件过程，设置控件的有关属性。

```
Const Pi = 3.14159
Private Sub Form_Load()
    Form1.Caption = "三角函数曲线"
    Command1(0).Caption = "画正弦曲线"
    Command1（1）.Caption = "画余弦曲线"
    Command1（2）.Caption = "画正切曲线"
End Sub
```

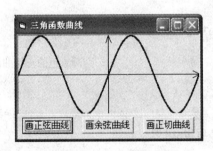

图 9-13 画三角函数曲线

编写窗体的 Activate 事件过程，设置图片框 Picture1 的绘图属性，并画出坐标轴。代码如下：

```
Private Sub Form_activate()
    With Picture1
    .Top = 0:
    .Left = 0
    .Width = Me.ScaleWidth
    .Height = Me.ScaleHeight - 550
    .Cls
    .DrawWidth = 1
    End With
```

```
    Picture1.Scale (-2 * Pi, 1)-(2 * Pi, -1)          '定义坐标系
    Picture1.Line (-2 * Pi, 0)-(2 * Pi, 0)            '画 X 轴
    Picture1.Line -(2 * Pi - 0.5, 0.1)
    Picture1.Line (2 * Pi, 0)-(2 * Pi - 0.5, -0.1)
    Picture1.Line (0, -1)-(0, 1)                      '画 Y 轴
    Picture1.Line -(-0.2, 0.8): Picture1.Line (0, 1)-(0.2, 0.8)
End Sub
```

编写控件数组 Command1 的 Click 事件过程，实现绘制正弦曲线、余弦曲线和正切曲线。代码如下：

```
Private Sub Command1_Click(Index As Integer)
    Picture1.Cls
    Select Case Index
        Case 0                                        '画蓝色的正弦曲线
            Picture1.Cls
            Form_activate
            Picture1.DrawWidth = 2
            For t = -2 * Pi To 2 * Pi Step 0.01
                xt = 1 * t
                yt = 1 * Sin(t)
                Picture1.PSet (xt, yt), vbBlue
            Next
        Case 1                                        '画红色的余弦曲线
            Picture1.Cls
            Form_activate
            Picture1.DrawWidth = 2
            For t = -2 * Pi To 2 * Pi Step 0.01
                xt = 1 * t
                yt = 1 * Cos(t)
                Picture1.PSet (xt, yt), vbRed
            Next
        Case 2                                        '画绿色的正切曲线
            Picture1.Cls
            Form_activate
            Picture1.DrawWidth = 2
            For t = -2 * Pi To 2 * Pi Step 0.01
                xt = 1 * t
                yt = 1 * Tan(t)
                Picture1.PSet (xt, yt), vbGreen
            Next
    End Select
End Sub
```

例 9-12　设计一个模拟行星绕太阳运动的动画程序。如图 9-14 所示。

分析：在程序设计中，动画就是有规律地改变对象的形状、尺寸或位置，从而形成的动态效果。动画的速度通常用时钟控件控制。地球运动的椭圆方程为：

$x = x_0 + r_x * \cos(alfa)$

$y = y_0 + r_y * \sin(alfa)$

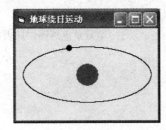

图 9-14　地球绕太阳运动

其中：

x0、y0 为椭圆圆心坐标；rx 为水平半径；ry 为垂直半径；alfa 为圆心角。

程序设计步骤：

①把窗体调整到适当的大小，并添加 1 个计时器控件 Timer1。

②首先在代码框的通用段定义一组窗体级变量和常量 Pi，并编写一个用 PSet 画椭圆的通用过程 Ellipse。代码如下：

```
Const Pi = 3.14159
Dim q As Single                 '存储圆心角
Dim x As Single, y As Single    '存储椭圆上的点坐标
Private Sub Ellipse()           '画椭圆的过程
  For t = 0 To 2 * Pi Step 0.001
    X1 = 90 * Cos(t)
    Y1 = 60 * Sin(t)
    PSet (X1, Y1)
  Next
End Sub
```

编写窗体的 Load 事件过程，设置控件的有关属性，并定义坐标系，画出代表太阳的圆和代表地球的小圆，以及代表地球运动的椭圆轨道。

```
Private Sub Form_Load()
  Me.Caption = "地球绕日运动"
  Me.FillColor = RGB(255, 0, 0)
  Me.FillStyle = 0
  Show
  Scale (-100, 100)-(100, -100)      '定义坐标系，把原点移到窗体中央
  Circle (0, 0), 15, RGB(255, 0, 0)  '在窗体中央画代表太阳的圆
  Call Ellipse                       '画椭圆轨道
  Timer1.Enabled = True
  Timer1.Interval = 10
  q = 0
  Me.FillColor = RGB(0, 0, 255)
  x = 90 * Cos(q)
  y = 60 * Sin(q)
  Circle (x, y), 4                   '在椭圆轨道上画代表地球的小圆
End Sub
```

编写计时器控件 Timer1 的 Timer 事件过程，使代表地球的小圆沿椭圆轨道运动。

```
Private Sub Timer1_Timer()          '移动椭圆上的小圆
  Me.FillColor = Me.BackColor
```

```
        Me.FillStyle = 0
        Circle (x, y), 4, Me.BackColor          '用背景色画圆，抹去原来的小圆
        q = q + 0.01
        x = 90 * Cos(q)
        y = 60 * Sin(q)
        Me.FillColor = RGB(0, 0, 255)
        Me.FillStyle = 0
        Circle (x, y), 4, RGB(0, 0, 255)        '在新位置上重画代表地球的小圆
        If q > 2 * Pi Then q = 0
        Ellipse
    End Sub
```

9.4.2　鼠标事件配合绘图方法绘图

利用鼠标事件 MouseDown、MouseUp、MouseMove 及其返回的参数，可以实现一些简单图形的绘制，用户操作起来直观、方便。

例 9-13　用鼠标事件在窗体上画圆：以鼠标左键单击处为圆心，拖动鼠标松开鼠标左键，以松开鼠标左键位置到圆心距离为半径，画出完整的圆，并为该圆画两条相互垂直的直径，它们分别与窗体的水平边和竖直边平行。右键单击窗体则清除窗体上内容。

①创建一个工程，不添加任何控件。程序运行界面如图 9-15 所示。

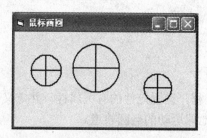

图 9-15　利用鼠标事件画圆

②编写程序代码。

在代码框的通用段定义窗体级的变量，存储圆心坐标。

```
Dim x1 As Single, y1 As Single
Private Sub Form_Load()
    Me.Caption = "鼠标画圆"
    Me.ForeColor = vbblue
    Me.DrawWidth = 2
End Sub
```

编写窗体的 MouseDown 事件过程，获取圆心坐标。代码如下：

```
Private Sub Form_MouseDown(Button As Integer, Shift As Integer, X As Single, Y As Single)
    x1 = X: y1 = Y
End Sub
```

编写窗体的 MouseUp 事件过程，完成画圆的操作。代码如下：

```
Private Sub Form_MouseUp(Button As Integer, Shift As Integer, X As Single, Y As Single)
    Dim r As Single, b As Boolean
    r = Sqr((x1 - X) * (x1 - X) + (y1 - Y) * (y1 - Y))
    b = r<Abs(x1) And r<ScaleWidth-Abs(x1) And r<Abs(y1) And r<ScaleHeight-Abs(y1)
```

```
    If b Then                           '若能画出完整圆，则画圆
        Circle (x1, y1), r
        Line (x1 - r, y1)-(x1 + r, y1)
        Line (x1, y1 - r)-(x1, y1 + r)
    End If
End Sub
```

例 9-14　设计一个最简单的，用鼠标徒手画线或写字的程序。要求：按下鼠标左键并拖动时徒手画线或写字，按下鼠标右键时清除窗体。程序代码如下，运行结果如图 9-16 所示。

```
Private Sub Form_Load()
    Me.Caption = "徒手画线或写字的程序"
    Form1.BackColor = vbWhite            '窗体的背景设置为白色
End Sub
Private Sub Form_MouseDown(Button As Integer, Shift As Integer, X As Single, Y As Single)
    If Button = 1 Then                   '鼠标左键按下，则点出画线的起点
        MousePointer = 2                 '鼠标设置为十字叉
        PSet (X, Y)                      '画出起始点
    Else
        Cls
    End If
End Sub
'编写鼠标的 MouseMove 事件驱动程序，实现移动鼠标画线。代码如下：
Private Sub Form_MouseMove(Button As Integer, Shift As Integer, X As Single, Y As Single)
    If Button = 1 Then                   '移动鼠标画线
        Line -(X, Y)
    End If
End Sub
```

图 9-16　徒手写字

例 9-15　在窗体上按下鼠标左键并拖动，可画出自由曲线如图 9-17 所示，鼠标左键释放时停止画线，并在画线终点与起点之间画出连线，形成封闭区域。按下鼠标右键则清除窗体上内容。

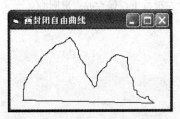

图 9-17　鼠标画自由的封闭曲线

```
Dim x1 As Integer, y1 As Integer        '定义起点坐标
```

```
Private Sub Form_MouseDown(Button As Integer, Shift As Integer, X As Single, Y As Single)
    If Button = 1 Then       '按下左键则保存并画出起始点
        x1 = X: y1 = Y
        PSet (X, Y)
    Else                          '按下非左键则清除窗体内容
        Cls
    End If
End Sub
Private Sub Form_MouseMove(Button As Integer, Shift As Integer, X As Single, Y As Single)
    If Button = 1 Then       '按下左键移动则徒手画线
        Line -(X, Y)
    End If
End Sub
Private Sub Form_MouseUp(Button As Integer, Shift As Integer, X As Single, Y As Single)
    If Button = 1 Then       '释放左键则在起点和终点画线
        Line (X, Y)-(x1, y1)
    End If
End Sub
```

例 9-16   设计一个拖放后画圆的程序。要求：按下鼠标左键并移动时画圆，按下右键清除窗体。程序代码如下，运行结果如图 9-18 所示。

图 9-18   拖放画圆

在通用段声明窗体级的变量，编写窗体 Load 事件的驱动程序，设置窗体绘图属性。代码如下：

```
Dim PreX As Single, PreY As Single                       '设置圆心的 x 坐标，y 坐标
Private Sub Form_Load()
    Me.Caption = "拖放画圆的程序"
    Form1.BackColor = vbWhite      '窗体的背景设置为白色
End Sub
```

编写鼠标的 MouseDown 事件过程，保存圆心或画线的起点。代码如下：

```
Private Sub Form_MouseDown(Button As Integer, Shift As Integer, X As Single, Y As Single)
    If Button = 1 Then            '左键按下，保存并点出圆心
        PreX = X: PreY = Y           '
        PSet (X, Y)
    Else
        Cls
    End If
End Sub
```

编写鼠标的 MouseUp 事件驱动程序，完成画圆。代码如下：

```
Private Sub Form_MouseUp(Button As Integer, Shift As Integer, X As Single, Y As Single)
```

```
    If Button = 1 Then            '完成画圆
        r = Sqr(Abs(PreX - X) * Abs(PreX - X) + Abs(PreY - Y) * Abs(PreY - Y))
        Circle (PreX, PreY), r
    End If
End Sub
```

9.5　图形控件

Visual Basic 提供了 PictureBox、Image、Line 和 Shape 共 4 个图形特性的控件。其中 PictureBox 控件和 Image 控件用于显示图形或图片，Line 控件和 Shape 控件用于生成简单的图形。

在窗体设计时，利用图像控件（Image）、直线控件（Line）和形状控件（Shape）创建图形十分有用。

这三个图形控件的优点是，创建图形所用的代码比图形方法要少。例如，要在窗体上绘制一个圆，既可用 Circle 方法，也可用形状控件 Shape。Circle 方法要求在运行时用代码创建圆；而用形状控件的话，只需在设计时简单地把它拖到窗体上，并设置特定的属性即可创建一个圆。

使用图像控件（Image）、直线控件（Line）和形状控件（Shape）时要注意：

不能出现在其他控件之上，除非控件是一个控件容器（如：图片框）；

不能在运行时接收焦点；

不能作为其他控件的容器。

9.5.1　图片框控件（PictureBox）

图片框（PictureBox）控件主要作用是显示图片、作为其他控件的容器、显示图形方法输出的图形、显示 Print 方法输出的文本，是在窗体中的小窗体，在前面例题中已经多次使用。

关于图片框的属性、方法和事件在第 3 章已经介绍，这里不再赘述。下面谈谈利用图片框显示超大图片的问题。

由于 PictureBox 控件本身不提供滚动条，在程序中可以使用滚动条控件来控制超大图形的显示。

例 9-17　使用滚动条控件来控制超大图片的显示。

设计步骤如下：

①在窗体添加 1 个图片框 Picture1，并在图片框外，窗体内安放水平滚动条控件 HScroll1 和垂直滚动条控件 Vscroll1，程序运行界面如图 9-19 所示。

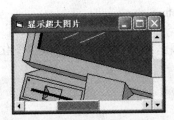

图 9-19　显示超大图片

②编写程序代码。

编写窗体 Load 事件过程，设置图片框 Pictrue1、水滚动条 Hscroll1 和垂直滚动条 Vscroll1 的相关属性。代码如下：

```
Private Sub Form_Load()
    Me.Caption = "显示超大图片"
    With Picture1                           '设置图片框控件的属性
        .BorderStyle = 0
        .Left = 0
        .Top = 0
        .Picture = LoadPicture("C:\Program Files\Microsoft Visual Studio
\Common\Graphics\Metafile\Business\LAPTOP1.WMF")
        .AutoSize = True
    End With
    h = Picture1.Height - Me.Height
    v = Picture1.Width - Me.Width
    VScroll1.Max = IIf(h > 0, h, 0)
    HScroll1.Max = IIf(v > 0, v, 0)
    With VScroll1                           '设置 Vscroll1 的属性
        .Value = 0
        .LargeChange = 2000
        .SmallChange = 200
        .Height = Me.ScaleHeight
        .Left = Me.ScaleWidth - VScroll1.Width    '把垂直滚动条设置在窗体的最右边
        .Top = 0
    End With
    With HScroll1                           '设置 Hscroll1 的属性
        .Value = 0
        .LargeChange = 2000
        .SmallChange = 200
        .Width = Me.ScaleWidth - VScroll1.Width
        .Top = Me.ScaleHeight - HScroll1.Height   '把水平滚动条设置在窗体的最下边
        .Left = 0
    End With
End Sub
```

编写水平滚动条 HScroll1 的 Change 事件过程，控制图片框在窗体上水平移动。代码如下：

```
Private Sub HScroll1_Change()
    Picture1.Left = 0 - HScroll1.Value
End Sub
```

编写垂直滚动条 VScroll1 的 Change 事件过程，控制图片框在窗体上垂直移动。代码如下：

```
Private Sub VScroll1_Change()
    Picture1.Top = 0 - VScroll1.Value
End Sub
```

编写窗体的 Resize 事件过程，实现当窗体大小发生变化时，重新设置滚动条的位置和大小。代码如下：

```
Private Sub Form_Resize()
    Form_Load
End Sub
```

③用 Print 方法在图片框上输出文本。

可以在图片框控件上用 Print 方法输出文本，使用方法与窗体相同。

④用图形方法在图片框上画图形。

9.5.2 图像框控件（Image）

图像框（Image）控件用于显示图形。在窗体上使用图像框 Image 的步骤与使用图片框 PictureBox 相同。Image 控件不能作为容器，没有 Autosize 属性。

图像框有一个很重要的属性 Stretch，其值指定图形是否要拉伸大小，以适应 Image 控件的大小。如果 Stretch 属性为 True，表示图形要拉伸大小以适应控件；如果 Stretch 属性设置为 False（缺省值），表示控件要调整大小以适应图形。

例如，创建一个工程，并在窗体添加一个图像框 Image1，然后编写窗体的 Load 事件过程，利用 LoadPicture 函数在图像框中显示一个图片，代码如下：

```
Private Sub Form_Load()
    Me.Caption = "图像框"
    Image1.Stretch = True                    '调整图形大小适应控件
    Image1.Picture = LoadPicture("C:\Program Files\Microsoft Visual Studio
\Common\Graphics\Metafile\Arrows\2DARROW3.WMF")
    Me.Width = Image1.Width + 100
    Me.Height = Image1.Height + 500
    Image1.Top = 0
    Image1.Left = 0
End Sub
```

程序运行的结果如图 9-20 所示。

图 9-20　使用图像框

9.5.3　直线控件（Line）

直线控件（Line）是一个画线工具，用于在窗体、图片框和框架中画各种直线段，既可以在设计时通过设置线的端点坐标属性来画出直线，也可以在程序运行时动态地改变直线的各种属性。

（1）常用属性。

1）BorderStyle 属性：提供了 7 种画线的样式

vbTransparent	0	透明
vbBSSolid	1	实线（缺省值）
vbBSDash	2	虚线
vbBSDot	3	点线
vbBSDashDot	4	点划线

vbBSDashDotDot   5   双点划线

vbBSInsideSolid   6   内收实线。边框的外边界就是形状的外边缘

2）BorderColorn 属性：用来指定画线的颜色，设计时可在属性窗口中选择该属性，然后从提供的调色板中选择颜色。

3）BorderWidth 属性：设置直线控件画线的宽度。

4）X1,X2,Y1,Y2 属性：指定画线的起点(X1,Y1)和终点坐标(X2,Y2)。运行时不能使用 Move 方法移动 Line 控件，但是可以通过改变 X1、X2、Y1 和 Y2 属性来移动它或者调整它的长短。

（2）使用直线控件。

在窗体设计时，可以使用 Line 控件在窗体、图片框和框架上，用鼠标拖动绘制直线。其具体操作步骤是：

1）单击工具箱中的 Line 控件图标；

2）移动鼠标到要画线的起始位置；

3）按下鼠标左键并拖动鼠标到要画线的结束处，放开鼠标左键，画线操作结束。

使用 Line 控件画的线与使用 Line 方法画的线不同，即使窗体的 AutoRedraw 属性设置为 False，用 Line 控件绘制的线任何时候都会保留在窗体上。

例 9-18 设计一个秒表，只有一个秒针，当秒针停止不动时，单击窗体，秒针从 0 开始走动；当秒针走动时单击窗体，秒针在当前位置停止走动。

设计步骤如下：

①创建一个工程，在窗体上添加 1 个 Line 控件 Line1 作为秒针（起点在窗体中心)，1 个计时器控件 Timer1，4 个标签 Label1～Label4 用于显示秒数。程序运行界面如图 9-21 所示。

图 9-21   使用 Line 控件

②编写程序代码。

编写窗体的 Load 事件过程，设置控件的有关属性，初始化秒表，同时在通用段定义窗体级的变量和常量。代码如下：

```
Dim d As Single                          '存放秒针长度
Dim s As Integer                         '存放从 0 开始的秒数
Const pi = 3.14159
Private Sub Form_Load()
    Line1.BorderStyle = 6
    Line1.BorderColor = RGB(255, 0, 0)
    Line1.BorderWidth = 5
    d = Sqr((Line1.Y2 - Line1.Y1) ^ 2 + (Line1.X2 - Line1.X1) ^ 2)
    Timer1.Interval = 1000                '每秒移动一次秒针
    Timer1.Enabled = False
```

End Sub

编写窗体的 Click 事件过程，起、停秒表。代码如下：

```
Private Sub Form_Click()
    If Timer1.Enabled = True Then
        Timer1.Enabled = False
    Else
        Line1.X2 = Line1.X1 - d * Sin(pi * 30 / 30)
        Line1.Y2 = Line1.Y1 + d * Cos(pi * 30 / 30)
        Timer1.Enabled = True
        s = 0
    End If
End Sub
```

编写 Timer1 控件的 Timer 事件过程，使用秒针走动。代码如下：

```
Private Sub Timer1_Timer()
    s = s + 1                                    '秒数加 1
    Line1.X2 = Line1.X1 - d * Sin(pi * (30 + s) / 30)
    Line1.Y2 = Line1.Y1 + d * Cos(pi * (30 + s) / 30)
End Sub
```

9.5.4　形状控件（Shape）

形状控件（Shape）是图形控件，用于绘制矩形、正方形、椭圆、圆形、圆角矩形或者圆角正方形。

（1）常用属性。

1）Shape 属性：设置 Shape 控件的外观。在属性窗口中选择 Shape 属性，并单击该属性右端向下的箭头，显示一个下拉列表，提供了该属性的设置值：

VbShapeRectangle	0	矩形（缺省值)
VbShapeSquare	1	正方形
VbShapeOval	2	椭圆形
VbShapeCircle	3	圆形
VbShapeRoundedRectangle	4	圆角矩形
VbShapeRoundedSquare	5	圆角正方形

Shape 值既可以在窗设计时在属性窗口中设置，也可以在程序运行时设置。

2）BorderColor 属性：用于设置边框颜色。

3）BorderStyle 属性：用于设置边框线型，其设置值与 Line 控件相同。

4）BorderWidth 属性：用于设置边框线宽。

（2）使用 Shape 形状控件。

可以在容器中绘制 Shape 控件，但是不能把该控件当作容器。

例 9-19　显示形状控件的 6 种图形。

①创建一个工程，在窗体上添加一个 Shape 控件数组的第一个元素 Shape1(0)，画为矩形，并放置在窗体的最左端。程序运行界面如图 9-22 所示。

②编写程序代码。

编写窗体的 Activate 事件过程，显示 Shape 控件的 6 种图形。代码如下：

```
Private Sub Form_Activate()
    Dim i As Integer
    Print "    0        1        2        3        4        5"
    Shape1(0).Shape = 0
    Shape1(0).FillStyle = 2                          '填充的形式
    Shape1(0).BorderWidth = 2                        '边框线宽
    For i = 1 To 5
        Load Shape1(i)                               '装载控件数组元素 Shape1(i)
        With Shape1(i)
            .Left = Shape1(i - 1).Left + 800         '为 Load 添加的 Shape 定位
            .Shape = i
            .BorderColor = QBColor(15 - i)           '边框作色
            .FillStyle = i + 2
            .FillColor = QBColor(8 + i)              '填充作色
            .Visible = True
        End With
    Next
End Sub
```

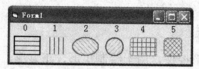

图 9-22　使用形状控件

习题 9

一、单项选择题

1. 执行下列过程后，绘制直线的起点坐标为（　　），终点坐标为（　　）。

```
Private Sub Form_Activate()
    Scale (0, 0)-(1000, 1000)
    CurrentX = 300: CurrentY = 300
    Line Step(100, 100)-Step(200, 150)
End Sub
```

   A．(400,400)   B．(300,300)
   C．(600,550)   D．(300,250)

2. 运行程序时，要清除图片框 Pict1 中的图像，应使用语句（　　）。

   A．Picture1.Picture=""   B．Picture1.Picture=LoadPicture()
   C．Pict1.Picture=""   D．Pict1.Picture=LoadPicture()

3. 运行程序时，要在图片框中显示 Good Morning，应使用语句（　　）。

   A．Picture1.Picture=LoadPicture(Good Morning)

   B．Picture1.Picture=LoadPicture("Good Morning")

   C．Picture1.Print "Good Morning"

   D．Pring "Good Morning"

4．通过设置 Shape 控件的（　　　）属性可以绘制多种形状的图形。

    A．Shape
               B．BorderStyle

    C．FileStyle
               D．Style

5．如果窗体 Forml 左上角坐标为(-200,250)，右下角坐标为(300,-150)。则 x 轴和 y 轴的正向分别为（　　　）。

    A．向右、向下
               B．向左、向上

    C．向右、向上
               D．向左、向下

6．执行指令"Line(1200,1200)-Step(1000,500),B"后，CurrentY 的值为（　　　）。

    A．1700
      B．1200
      C．2200
        D．1000

7．用于改变坐标度量单位的属性是（　　　）。

    A．DrawStyle
               B．DrawWidth

    C．ScaleWidth
               D．ScaleMode

8．当在窗体上用 Line 方法画完一条直线后，当前的 CurrentX 和 CurrentY 值为（　　　）。

    A．画线的起点坐标
            B．画线的终点坐标

    C．画线的中点坐标
            D．任意点坐标

9．在 800×600（Pixel）的窗体 Form1 中，要使属性 Width = 200，Height =160 的图片框 PictureBox 位于窗体的正中央，图片框的位置属性应设置为（　　　）。

    A．Left = 200 : Top = 140
         B．Left = 300 : Top = 140

    C．Left = 300 : Top = 220
         D．Left = 400 : Top = 220

10．语句 Circle(1000,1000),500,8,-6,-3 将绘制（　　　）。

    A．圆
      B．椭圆
      C．圆弧
        D．扇形

二、判断题

1．默认状态下，容器的坐标系统，原点在左下角，向右和向上分别是 X 轴和 Y 轴的正方向。
（　　）

2．用 Cls 方法能清除窗体或图片框中用 Print 方法打印的文本或用 Circle 或 Line 方法绘制的图形。
（　　）

3．窗体、图片框和图像框控件都可以显示图片和绘制图形，也都可以用 Print 方法显示文字。
（　　）

4．图像框控件的 Stretch 属性设置为 True 时，会使控件中的图片根据控件的大小来调整大小。
（　　）

5．当对窗体的 DrawWidth 进行设置后，将影响在窗体上使用的 Line、Circle、PSet 方法和 Line、Shape 控件。
（　　）

6．Line 方法也可以画矩形，Circle 方法也可以画椭圆。
（　　）

7．当图片框控件（PictureBox）的 AutoSize 属性为 True 时，图片框会根据载入图片的大小而自动调整控件自身的大小，从而完整地显示图片内容。
（　　）

8．执行语句 Picture1.ForeColor = RGB(0, 0, 255) 之后，名为 Picture1 的图片框控件 (PictureBox)背景颜色变为蓝色。
（　　）

9．图片框 PictureBox 是容器控件，可以将其他控件放置在其中。
（　　）

10．图片框 PictureBox 和图像框 Image 中都能放置图像，因此都是容器控件。（　　）

实验 9

一、实验目的

（1）理解容器控件的坐标系统，掌握创建用户坐标系统的方法。

（2）掌握常用绘图方法的使用，能绘制各种二维平面图形。

（3）掌握常用的与图形相关的属性及取值。

二、实验内容

（一）运行实例程序，体会图形方法和属性的应用。

实例 1 程序启动运行时，显示画面如图 9-23 左图；单击"开始"按钮 Command1 之后，在窗体上显示一个矩形，矩形内的填充颜色按每秒 1 次的速度随机变化，如图 9-23 右图所示；单击窗体，恢复到图 9-23 左图。

图 9-23　实例 1 程序运行界面

操作步骤：

①新建一个标准 EXE 工程。

②在窗体上添加 1 个命令按钮 Commandbutton 和 1 个计时器 Timer 控件，设置命令按钮的 Caption 属性为"开始"。

③编写如下程序代码。

```
Private Sub Command1_Click()
        Timer1.Enabled = True
        Timer1.Interval= 1000
        Command1.Visible = False
End Sub
Private Sub Form_Click()
        Cls
        Timer1.Enabled = False
        Command1.Visible = True
End Sub
Private Sub Timer1_Timer()
        r = Rnd * 255: g = Rnd * 255
        b = Rnd * 255
        Line (1000, 500)-(2000, 1500), RGB(r, g, b), BF
End Sub
```

④保存窗体文件和工程文件。

⑤运行调试程序，直到满意为止。

实例 2　在窗体上单击鼠标，以单击处为圆心，在窗体上画出一个不超出窗体边界的最大圆。如图 9-24 所示。

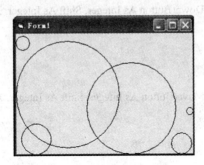

图 9-24　实例 2 程序运行界面

操作步骤：

①新建一个标准 EXE 工程。

②因为要输出的圆不超过边界，也就是说圆的半径要在 x，y，Form1.scalewidth-x 和 Form1.scaleheight-y 这四个数中取最小值。

③编写如下程序代码。

```
Private Sub Form_MouseDown(Button As Integer, Shift As Integer, X As Single, Y As Single)
Dim r As Single
r = X
If Y < r Then
    r = Y
End If
If Me.ScaleWidth - X < r Then
    r = Me.ScaleWidth - X
End If
If Me.ScaleHeight - Y < r Then
    r = Me.ScaleHeight - Y
End If
Circle (X, Y), r
End Sub
```

④保存窗体文件和工程文件。

⑤运行调试程序，直到满意为止。

实例 3　在窗体上按下鼠标左键并拖动，画出如图 9-25 所示的自由曲线，鼠标左键释放时停止画线，并在画线终点与起点之间自动画出连线，形成封闭区域。

图 9-25　实例 3 程序运行界面

操作步骤：

①新建一个标准的 EXE 工程。

②代码实现如下。

```
Dim x1 As Integer, y1 As Integer
Private Sub Form_MouseDown(Button As Integer, Shift As Integer, X As Single, Y As Single)
    CurrentX = X
    CurrentY = Y
    x1 = X:y1 = Y
End Sub
Private Sub Form_MouseMove(Button As Integer, Shift As Integer, X As Single, Y As Single)
    If Button = 1 Then
        Line -(X, Y)
    End If
End Sub
Private Sub Form_MouseUp(Button As Integer, Shift As Integer, X As Single, Y As Single)
    Line (X, Y)-(x1, y1)
End Sub
```

③保存窗体文件和工程文件。

④运行调试程序，直到满意为止。

实例 4　编制小时钟，利用 Timer 控件控制指针的转动。如图 9-26 所示。

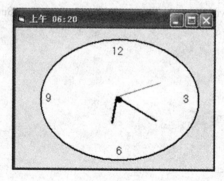

图 9-26　实例 4 程序运行界面

操作步骤：

①新建一个标准的 EXE 工程。

②窗体界面设计：在窗体上添加 1 个 Shape1 控件作为钟面，添加 1 个 Shape2 作为圆心（设置为一个填充的实心圆），添加 3 个 Line 控件作为时、分、秒针（注意调整线的粗细），添加 4 个标签标注 12、3、6、9 的位置。程序的运行界面如图 9-26 所示。

注意：为了简化指针长度的计算，三个指针的初始位置均为中心指向 12 点，且均由 12 点画向圆心。

③根据程序的运行界面设置各控件的主要属性。

④编写程序代码。

在窗体的通用段声明符号常数：

Const Pi = 3.14159

窗体的 Load 事件代码：

```
Private Sub Form_Load()
    Line1.Tag = Line1.Y2 - Line1.Y1
    Line2.Tag = Line2.Y2 - Line2.Y1
    Line3.Tag = Line3.Y2 - Line3.Y1
    Form1.Caption = Format(Time, "Medium Time")
    t = Second(Time)
    Line1.X1 = Line1.X2 + Line1.Tag * Sin(Pi * t / 30)
    Line1.Y1 = Line1.Y2 - Line1.Tag * Cos(Pi * t / 30)
    u = Minute(Time)
    Line3.X1 = Line3.X2 + Line3.Tag * Sin(Pi * u / 30)
    Line3.Y1 = Line3.Y2 - Line3.Tag * Cos(Pi * u / 30)
    v = Hour(Time)
    s = IIf(v >= 12, v - 12, v) + u / 60
    Line2.X1 = Line2.X2 + Line2.Tag * Sin(Pi * s / 6)
    Line2.Y1 = Line2.Y2 - Line2.Tag * Cos(Pi * s / 6)
End Sub
```

计时器控件 Timer1 的 Timer 事件代码：

```
Private Sub Timer1_Timer()
    t = Second(Time)
    Line1.X1 = Line1.X2 + Line1.Tag * Sin(Pi * t / 30)
    Line1.Y1 = Line1.Y2 - Line1.Tag * Cos(Pi * t / 30)
    If t = 0 Then
        Form1.Caption = Format(Time, "Medium Time")
        u = Minute(Time)
        Line3.X1 = Line3.X2 + Line3.Tag * Sin(Pi * u / 30)
        Line3.Y1 = Line3.Y2 - Line3.Tag * Cos(Pi * u / 30)
        v = Hour(Time)
        s = IIf(v >= 12, v - 12, v) + u / 60
        Line2.X1 = Line2.X2 + Line2.Tag * Sin(Pi * s / 6)
        Line2.Y1 = Line2.Y2 - Line2.Tag * Cos(Pi * s / 6)
    End If
End Sub
```

说明：在窗体的 Load 事件中使用了 Line 控件的 Tag 属性来存放指针的长度。在计时器的 Timer 事件代码中，函数 Second(Time)返回系统时间的秒钟数，函数 Minute(Time)返回系统时间的分钟数，函数 Hour(Time)返回系统时间的小时数。

⑤保存窗体文件和工程文件。

⑥运行调试程序，直到满意为止。

（二）阅读分析程序。

1．下面程序运行后，窗体上显示的图形是_____。

```
Private Sub Form_Click()
    Dim CenterX As Integer, CenterY As Integer
    CenterY = Form1.ScaleHeight / 2
    CenterX = Form1.ScaleWidth / 2
    PSet (0, CenterY)
    For i = 1 To 10
        Line -Step(500, -500)
```

```
        Line -Step(0, 500)
    Next i
End Sub
```

2．下面程序运行后，窗体上显示的图形是_____。

```
Private Sub Form_Click()
    With Me
        .Height = 2000
        .Width = 2000
        .DrawWidth = 5
        .DrawStyle = 0
    End With
    Me.Line (0, 500)-(2000, 500)
    Me.Line (1000, 500)-(1000, 2000)
End Sub
```

3．下面程序运行后，单击命令按钮时在窗体上显示的图形是_____。

```
Private Sub Command1_Click ( )
    For k = 1 To 10
    Col = Int (Rnd * 16)
    Rad = Int (Rnd * 1000+100)
    Circle (2000, 1500), Rad, QBColor(Col)
    Next k
End Sub
```

（三）程序填空。

1．按鼠标左键单击窗体，以单击点为圆心，以小于 50 的随机数为半径，画出一个圆形。

```
Private Sub Form_MouseDown(Button, Shift, X, Y )
        If   Button =_____Then
            R = Int (Rnd * _____   )
            Circle ( _____ , _____),   R
        End If
End Sub
```

2．运行下面的程序，单击窗体后，根据提示输入字符串，以鼠标单击位置为中心，将字符串均匀地显示在圆周上。

```
Private Sub Form_MouseDown(Button As Integer, Shift As Integer, X As Single, Y As Single)
    Const d = 3.14159 / 180
    Cls
    s = InputBox("请输入一个字符串", "输入", "高校学生计算机等级考试")
    n =_____
    For i = n - 1 To 0 Step -1
        CurrentX = X - 1000 * Cos(i * d * 360 / n)
        CurrentY = Y - 1000 * Sin(i * d * 360 / n)
        Print _____
    Next i
End Sub
```

3．单击窗体上任意位置，就会在鼠标指针处输出一个*（星号）。

```
Private Sub Form_MouseUp(Button As Integer, Shift As Integer, X As Single, Y As Single)
CurrentX =_____
```

```
CurrentY = _____ - Me.TextHeight("*")
Print "*"
End Sub
```

4．以下程序可以在窗体上绘制多边形。单击鼠标左键，画出多边形的一条边；单击鼠标右键，则从绘制的最后一条边终点到画线起点之间绘出直线，形成封闭多边形。

```
Dim x1 As Integer, y1 As Integer, Start As Boolean
Private Sub Form_MouseDown(Button As Integer, Shift As Integer, X As Single, Y As Single)
    If_____Then
        Line -(x1, y1)
        Start = False
    Else
        If Start = False Then
            x1 = X
            y1 = Y
            PSet (X, Y)
            _____
        Else
            Line _____
        End If
    End If
End Sub
```

5．单击窗体上的任何一点，以该点位置为圆心，用蓝色画出一个半径为 300 的圆。

```
Private Sub Form_MouseDown ( Button, Shift, X, Y )
    Circle (X，Y)，_____ ，_____
End Sub
```

（四）程序设计。

1．设计程序，在窗体上绘制一个圆柱体。

2．在窗体上实现按鼠标左键拖动画矩形，并标注出主对角线的两个顶点坐标。

3．编写程序，在窗体不同位置上多次按下鼠标左键时，能够在这些单击点之间绘制出连续折线。鼠标右键单击窗体时，则能够在连续折线的起点与终点之间绘出一条直线，从而形成封闭区域，如图 9-27 所示。

图 9-27　程序设计第 2 题程序运行界面

4．设计程序定时移动窗体上的糖葫芦串。单击窗体时使糖葫芦串定时从左向右移动，当到达窗体右边时又从左边开始往右移动，窗体上沿文本框中的文字颜色也随机变化。双击窗体结束程序运行。程序运行界面如图 9-28 所示。

5．设计程序，在窗体上出现冉冉上升的太阳。程序运行界面如图 9-29 所示。

6．自己设计有定时功能的图形应用程序。

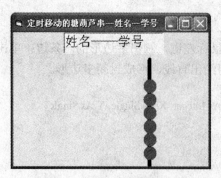

图 9-28　定时移动糖葫芦串界面

图 9-29　冉冉上升的太阳

附录 1   常用字符的 ASCII 代码表

ASCII值	字符	控制符	ASCII值	字符	ASCII值	字符	ASCII值	字符	ASCII值	字符	ASCII值	字符	ASCII值	字符	ASCII值	字符
000	(null)	NUL	032	空格	064	@	096	`	128	Ç	160	á	192	└	224	α
001	☺	SOH	033	!	065	A	097	a	129	ü	161	í	193	┴	225	β
002	●	STX	034	"	066	B	098	b	130	é	162	ó	194	┬	226	Γ
003	♥	ETX	035	#	067	C	099	c	131	â	163	ú	195	├	227	π
004	♦	EOT	036	$	068	D	100	d	132	ä	164	ñ	196	─	228	Σ
005	♣	END	037	%	069	E	101	e	133	ã	165	Ñ	197	┼	229	σ
006	♠	ACK	038	&	070	F	102	f	134	å	166	a	198	├	230	μ
007	(beep)	BEL	039	'	071	G	103	g	135	ç	167	o	199	├	231	τ
008	◘	BS	040	(	072	H	104	h	136	ê	168	¿	200	└	232	Φ
009	(tab)	HT	041	)	073	I	105	i	137	ë	169	─	201	┌	233	θ
010	(line feed)	LF	042	*	074	J	106	j	138	è	170	─	202	┴	234	Ω
011	(home)	VT	043	+	075	K	107	k	139	ï	171	½	203	┬	235	δ
012	(form feed)	FF	044	,	076	L	108	l	140	î	172	¼	204	├	236	∞
013	(carriage return)	CR	045	-	077	M	109	M	141	ì	173	¡	205	─	237	∮
014	♫	SO	046	.	078	N	110	n	142	Ä	174	«	206	┼	238	∈
015	☼	SI	047	/	079	O	111	o	143	Å	175	»	207	┴	239	∩
016	►	DLE	048	0	080	P	112	p	144	É	176	▒	208	┴	240	≡
017	◄	DC1	049	1	081	Q	113	q	145	æ	177	▓	209	┬	241	±
018	‡	DC2	050	2	082	R	114	r	146	Æ	178	█	210	┬	242	≥
019	‼	DC3	051	3	083	S	115	s	147	ô	179	│	211	└	243	≤
020	¶	DC4	052	4	084	T	116	t	148	ö	180	┤	212	└	244	⌠
021	§	NAK	053	5	085	U	117	u	149	ò	181	┤	213	┌	245	⌡
022	▬	SYN	054	6	086	V	118	v	150	û	182	┤	214	┌	246	÷
023	‡	ETB	055	7	087	W	119	w	151	ù	183	┐	215	┼	247	≈
024	↑	CAN	056	8	088	X	120	x	152	ÿ	184	┐	216	┼	248	°
025	↓	EM	057	9	089	Y	121	y	153	Ö	185	┤	217	┘	249	°
026	→	SUB	058	:	090	Z	122	z	154	Ü	186	║	218	┌	250	·
027	←	ESC	059	;	091	[	123	{	155	¢	187	┐	219	█	251	√
028	└	FS	060	<	092	\	124	¦	156	£	188	┘	220	▄	252	η
029	◆	GS	061	=	093	]	125	}	157	¥	189	┘	221	▌	253	²
030	▲	RS	062	>	094	^	126	~	158	Pt	190	┘	222	▐	254	■
031	▼	US	063	?	095	_	127	⌂	159	ƒ	191	┐	223	▀	255	'FF'

注：表中 000～127 是标准 ASCII 代码，128～255 是 IBM-PC 上的扩展 ASCII 代码。

附录 2　Visual Basic 中表示颜色值的 4 种方式

（1）用&HBBGGRR 形式的 6 位十六进制数或十进制整数描述颜色。

按照三基色原理，从最低字节到最高字节依次决定红（RR）、绿（GG）和蓝（BB）的量。红、绿和蓝的量分别由一个介于 0～255（&H00～&HFF）之间的数表示。表示 RGB 颜色的十进制数值的取值范围 0（&HO00000）～16,777,215（&HFFFFFF）。例如：&060000 表示深绿色。

（2）使用 Visual Basic 系统规定的描述颜色的符号常量。

vbBlack	&H0	黑色
vbRed	&HFF	红色
vbGreen	&HFF00	绿色
vbYellow	&HFFFF	黄色
vbBlue	&HFF0000	蓝色
vbMagenta	&HFF00FF	洋红
vbCyan	&HFFFF00	青色
vbWhite	&HFFFFFF	白色

（3）使用 RGB（r,g,b）函数。

RGB（r,g，b）函数采用三基色原理，其中 r，g，b 的取值分别是 0～255 之间的整数，分别表示红、绿、蓝三种颜色的成分。用该函数可以勾兑出某种颜色。

RGB（255,0,0）表示红色

RGB（0,255,0）表示绿色

RGB（0,0,255）表示蓝色

RGB（0,0,0）表示黑色

RGB（255,255,255）表示白色

（4）使用 QBColor（Color）函数。其中 Color 参数的取值与颜色的关系如下所示。

值	颜色	值	颜色
0	黑色	8	灰色
1	蓝色	9	亮兰色
2	绿色	10	亮绿色
3	青色	11	亮青色
4	红色	12	亮红色
5	洋红色	13	亮洋红色
6	黄色	14	亮黄色
7	白色	15	亮白色

例如：QBColor(1)表示蓝色，QBColor(14)表示亮黄色。